电网生产业务数字化管控

实用手册

国网浙江省电力有限公司湖州供电公司　组编

中国电力出版社

CHINA ELECTRIC POWER PRESS

内 容 提 要

电网生产业务管控数字化转型依托电网生产业务数字化平台的建设及应用实现,本书主要介绍数字化平台的操作。全书共 8 章,首先介绍了电网生产业务数字化平台的功能及架构;然后依次叙述电网设备监视、电网故障处置、统计报表、智能交互、平台数据核查等功能的具体操作步骤;再介绍典型案例和应用开发语言。书的结尾部分还以附录形式给出了故障简报,电网生产信息日报、周报、月报样例,以及生产指挥中心工作回单、信息报送模板、突发事件应急响应预案。通过本书的学习,希望能够帮助作业人员深化应用数字化平台,提升设备感知能力,优化规范生产业务流程,提升状态管控能力。

本书可供从事生产业务数字化转型管理及数字化平台使用人员阅读、参考。

图书在版编目(CIP)数据

电网生产业务数字化管控实用手册 / 国网浙江省电力有限公司湖州供电公司组编. — 北京:中国电力出版社,2024.9. — ISBN 978-7-5198-9016-2

Ⅰ. TM727-62

中国国家版本馆 CIP 数据核字第 20245JF756 号

出版发行:中国电力出版社
地　　址:北京市东城区北京站西街 19 号(邮政编码 100005)
网　　址:http://www.cepp.sgcc.com.cn
责任编辑:穆智勇(010-63412336)　苗唯时
责任校对:黄　蓓　朱丽芳
装帧设计:王红柳
责任印制:石　雷

印　　刷:三河市百盛印装有限公司
版　　次:2024 年 9 月第一版
印　　次:2024 年 9 月北京第一次印刷
开　　本:710 毫米×1000 毫米　16 开本
印　　张:13.5
字　　数:201 千字
定　　价:70.00 元

编 委 会

前 言

随着电网规模的进一步扩大，电网设备精益化管控的需求进一步增强，电网设备在线、监测、状态分析等需求也极大地增加。设备与生产业务管控是指通过对各种设备采集的数据进行处理和分析，实现对现场情况的实时监测和指挥调度的一种业务模式。设备与生产业务管控是以强化生产组织、安全管控、应急处置、分析预防为主要职责，最大程度集成分析各类生产安全相关信息，整合运用设备、安全、应急组织等生产资源，确保现场生产稳定、有序、安全、高效的业务模式。传统的业务管控模式主要依赖于人工经验判断和分析处置，存在着效率低下、准确性不高、难以应对复杂场景等问题。为构建贴近设备、精益高效的现代设备管理体系，公司以提升设备管控、数据分析、应急处置效率为目标，积极探索数字化技术在生产业务管控中的应用，建设应用电网生产业务数字化管控平台，助推生产业务数字化管控水平提升。

在数字化转型发展的时代背景下，业务人员对数字化平台的熟练使用、数字化技术的掌握应用对业务高效开展发挥着重要作用。为促进基层生产班组员工数字素质能力提升，本书基于电网生产业务数字化管控平台，编写开发应用教材，共分为八章。主要阐述了国网公司三级生产管控体系下电网生产业务数字化平台建设的必要性、功能及架构，聚焦生产业务管控工作中遇到的实用案例，讲解平台功能实用、数据核查、Python、Java 等编程语言应用开发方法，帮助读者更深入了解和掌握平台技术功能及数字化技术特点。

本书由国网湖州供电公司组织编写，系统总结电网生产业务数字化平台应用经验，重点介绍电网设备监视、电网故障处置、统计报表、智能交互、平台数据核查等功能使用步骤，给出了典型案例，还以附录形式给出了故障简报，电网生产信息日报、周报、月报等常用文档样例。希望通过阅读本书，读者能够熟悉、掌握电网生产业务数字化平台的功能与使用，提升电网设备运维管控能力。

本书在编写过程中得到了国网浙江省电力有限公司、国网湖州供电公司运检、调度等专业领导和同事的指导与帮助，在此表示感谢！由于编者时间和水平所限，书中疏漏在所难免，恳请广大读者批评指正。

编者

2024 年 8 月

目 录

第1章

电网生产业务数字化平台功能及架构

1.1 概述

生产管控机构以设备运行和生产管控业务为核心，以支撑业务数字化体系建设为目标，为促进数字化应用与班组业务深度融合，建设生产业务数字化平台。此平台融合多系统、多应用，应用语音识别、语言理解、机器学习等人工智能技术，具有信息处置智能化、人机交互多元化、业务管控数字化的特点，为深化设备感知能力、提升故障处置效率、释放人员承载力提供支撑，赋能数字化班组建设，引领业务数字化转型发展。另外，生产业务数字化平台坚持"问题导向、需求导向、目标导向"原则，通过"一体、全景展示、无纸化操作、智能告警"等多项关键技术，解决数据利用率不高、智能化程度不足、人力资源消耗大等问题，支撑国网三级管控体系建设，推动设备由"离线到在线、粗放到精益、被动到主动"转变。

1.2 平台功能

电网生产业务数字化平台具有信息处置智能化、人机交互多元化、业务管控数字化的特点，能够实现异常信息、故障事件的智能处置与跟踪，同时具备智能报表、短信语音提醒等功能，可有力支撑电网生产业务管控工作开展。

1.2.1　设备信息智能监视

电网生产业务数字化平台（以下简称平台）通过大数据分析，结合设备告警、电网潮流及拓扑关系，实时监视电网设备运行状态，以"事件化"模式智能生成设备异常、电网故障等信息，及时推送给值班员。"事件化"信息会通过语音播报、短信提醒等方式进行预警，值班员采取"一键式"模式通知运维人员开展巡视。另外，平台同步实现故障录波、历史缺陷、设备台账、变电站微气象、图像等信息智能化关联，将多源、海量信息进行筛选、整合与集成，确保数据报送的精准性和有效性。同时，为适应多场景下的业务需求，有效缓解值班员监盘压力，平台还提供智能轮巡、实时监视、特殊监视、夜间监视等多种监视模式选择，从而提高信息推送的效率。

1.2.2　故障事件智能处置

平台基于事件处置规则库建设，通过机器学习不断完善库中规则，形成事件处置知识图谱，并利用知识图谱开展故障影响范围的综合研判，为值班员提供相应的故障处置策略。针对跳闸类事件的处置，平台将在 5min 内生成事故简报，15min 内生成事故详细报告，通过语音、短信等方式进行智能推送；针对异常事件的处置，平台在异常事件生成后将立刻通知运维人员，按事件的严重等级进行分类处置和发布，同步关联其他相关平台数据变动，实时跟踪事件处置进展，实现事件处置闭环管理。通过以上功能，使故障事件处置从完全以人工分析转变为以智能分析为主、人工分析为辅，进而提升故障事件的分析和处置效率。

1.2.3　业务智能管理

平台重点支撑业务管理，业务范围包括运行统计、报表模板、值班日志等。平台通过报表模板管理，实现事故分析报告、异常分析报告、运行分析报告等固化类报表，以及跳闸分析报表、缺陷分析报表等非固化类报表的计算、统计和分析，并可实现报表的在线编辑、预览、导出和发布。另外，平台还充分融合业务值班特性及需求，建立值班日志事件化规则和模型，关联设备故障、异常事件的处置信息，实现值班日志的自动生成，并通过建立值班规则、交接班策略实现值班排班管理和交接班管理，最大限度地提升业务综合管理的智能化水平。

1.2.4　人机页面智能交互

平台具备智能交互功能，可通过智能语音识别关联实际业务需求，实现简化查询、拨号、记录、通知等相关业务处置工作。人员可通过短信编辑、发件箱管理、短信推送、群组管理等功能实现业务信息的"一键式"处置和发布，有效释放人员承载力，打破传统"人盯屏""人传话""人盯流程"等业务模式，以人机交互技术为支撑，以业务场景分工为基础，创新应用听、说、读、写四维信息交互方式。通过平台打造虚拟坐席，可实现场景化专业分工作业模式，虚拟坐席将承担设备监视、设备巡视、事件记录、流程提醒等前端工作，依托语音识别、文本转换等技术，丰富业务场景交互方式，提高交互效率。

1.2.5　设备操作智能监护

平台可通过跟踪遥控操作实时状态完成对远方操作的智能监护，具体做法是获取调控发令系统的操作任务（包括操作内容、操作单位、发令人、受令人、发令时间等），根据电网运行方式及操作任务自动拟写操作票，实现操作票的智能校核、智能关联、智能推送。平台将依据操作票任务对遥控全过程进行安全防务校核，保证设备操作的正确性和及时性。同时根据操作前后的设备状态，实现设备智能置（拆）牌提醒、操作记录自动回填等功能，为设备遥控操作保驾护航。

1.2.6 生产工单智能驱动

平台以生产计划为主事件，将设备异常、缺陷记录等与生产计划相关联，实现设备事件与工单挂钩，同时具备与生产计划相结合的工单处置提醒功能，可从根本上提升设备的运维效率。平台通过工单驱动、智能派送等功能，实现设备运行事件的发起、处置、跟踪闭环管理；通过实时运维、差异化运维、定期运维等智能管理模式，评估事件对设备运行的影响，统筹编排工单处理计划，为设备日常运行、采购、设计、投运、退役等环节提供辅助决策。

1.3 平台架构

1.3.1 总体架构

平台总体架构如图 1-1 所示，包括感知层、数据层、支撑层、应用层、展示层。感知层通过保护装置、测控装置、故障录波器、传感器等收集采集数据；数据层通过智能运检管控平台、保信子站、故障录波等系统获取相关的数据；支撑层通过知识图谱、语音平台、短信平台等支撑应用的通用功能，以及统一的认证、接口、云平台等；展示层通过 PC 端、App、大屏进行人机交互。

展示层	PC 端		App		大屏		

应用层

智能监视	智能处置	监控业务综合管理	智能交互	系统管理	智能巡视	设备操作智能监护	生产工单驱动
设备监视模型	处置规则	智能报表管理	短信管理	系统运行监视	告警信息巡视	操作票预令交互	工单提醒与整合
信息标签化	事故综合研判	交接班管理	语音管理	权限管理	设备状态巡视	防误操作	工单智能派送
事件生成	事故处置		移动 App		系统运行监视	操作状态校核	工单计划编制
事件关联监视	异常处置		在线会商		流程状态巡视	操作过程归档	
监视模式	缺陷处置					无功电压辅助调节	
综合展示							

支撑层	知识图谱	语音平台	短信平台	云平台	统一认证	统一接口	统一 GIS

数据层

EMS	保信子站	调控云	气象	辅控平台	雷电定位系统
智能运检管控平台	故障录波	调度操作票	PMS2.0	在线监测	……

感知层	保护装置	测控装置	录波器	传感器	机器人	无人机	……

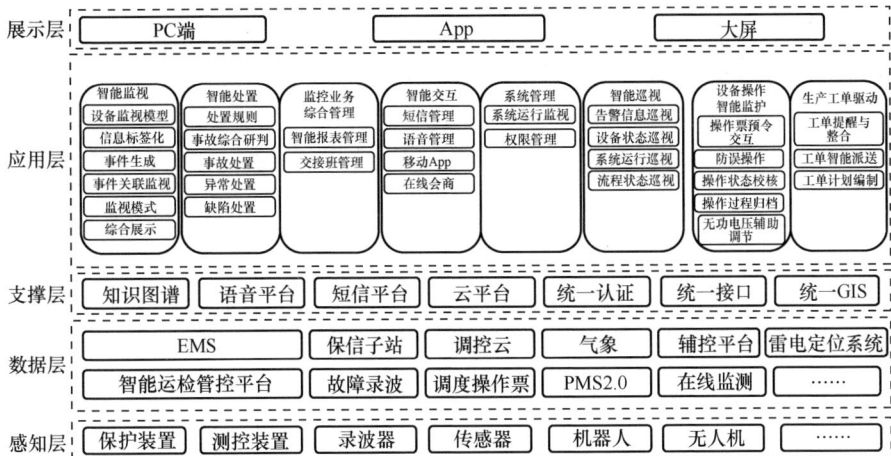

图 1-1　平台总体架构图

1.3.2　功能架构

功能架构如图 1-2 所示。平台基本功能包括智能监视、智能处置、综合管理、操作智能监护、业务综合管理、基础数据管理、知识图谱、智能交互、监控系统管理等功能。

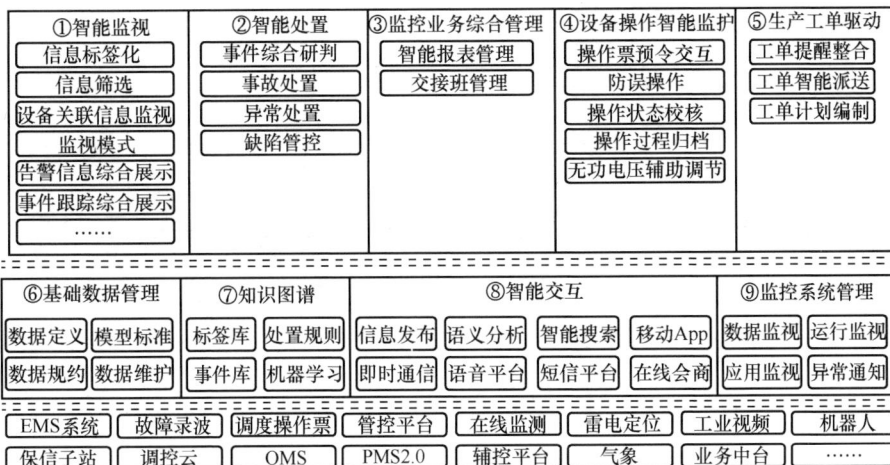

①智能监视	②智能处置	③监控业务综合管理	④设备操作智能监护	⑤生产工单驱动
信息标签化	事件综合研判	智能报表管理	操作票预令交互	工单提醒整合
信息筛选	事故处置	交接班管理	防误操作	工单智能派送
设备关联信息监视	异常处置		操作状态校核	工单计划编制
监视模式	缺陷管控		操作过程归档	
告警信息综合展示			无功电压辅助调节	
事件跟踪综合展示				
……				

⑥基础数据管理		⑦知识图谱		⑧智能交互				⑨监控系统管理	
数据定义	模型标准	标签库	处置规则	信息发布	语义分析	智能搜索	移动 App	数据监视	运行监视
数据规约	数据维护	事件库	机器学习	即时通信	语音平台	短信平台	在线会商	应用监视	异常通知

EMS系统	故障录波	调度操作票	管控平台	在线监测	雷电定位	工业视频	机器人
保信子站	调控云	OMS	PMS2.0	辅控平台	气象	业务中台	……

图 1-2　平台功能架构图

1.3.3　技术架构

平台技术架构如图 1-3 所示，包括入口、应用、服务、平台、数据、存储和底层。其中，入口层面包括统一门户、人机交互入口、移动应用门户；应用层面涵盖智能监视、智能处置、监控综合管理、智能交互、系统管理、智能巡视、设备操作智能监护与生产工单驱动；服务层面包括人工智能引擎、大数据引擎、图形服务、短信服务、视频服务和群呼服务；平台层面包括日志管理、权限管理、工作流、任务调度、消息管理；数据层面进行数据总线的汇集；存储器包括关系库、图数据库、ES 库、redis 及文件存储；底层包括网络、存储、服务器及系统运行监视。

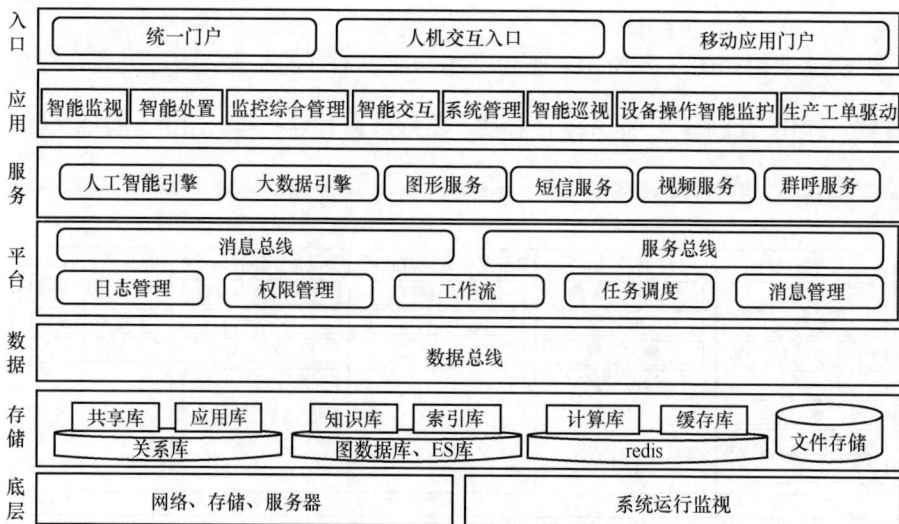

图 1-3　平台技术架构图

第 2 章

电 网 设 备 监 视

目前电网传统设备业务监视设备多、信息量大、支撑平台分散，告警信息无法事件化处置，业务现场点多面广且相互影响，但信息智能匹配度差，分析处置与管控大量依赖人工处置，费时费力；电网监视业务所涉及的系统平台多为单源数据相互独立运行，缺乏统一的数据平台接收和分析各个系统的数据；同时生产管控业务事件问题沟通传递碎片化严重、串行堵塞的电话交互方式对效率阻碍及异常事件优先级排序处置存在明显的影响。

平台打破传统"人盯屏"业务模式，整合十多套平台数据，有效打破专业间数据壁垒，充分整合现有的信息化资源，在事件提醒、任务分配、计划推送、问题汇报等方面实现智能交互，使得设备运行监视更加精准、异常分析更加智能、处置效率更加高效。

2.1 平台界面

登录平台后，首页界面如图 2-1 所示，列出了各类告警信号的数量、当值操作情况、缺陷管控、事件处置情况、越限信息（主变❶、线路、断面）总数、今日操作票总数和现场操作票、故障统计、近期缺陷统计等信息。

---

❶ 主变是主变压器的简称，为与平台界面保持一致，本书统一使用简称。

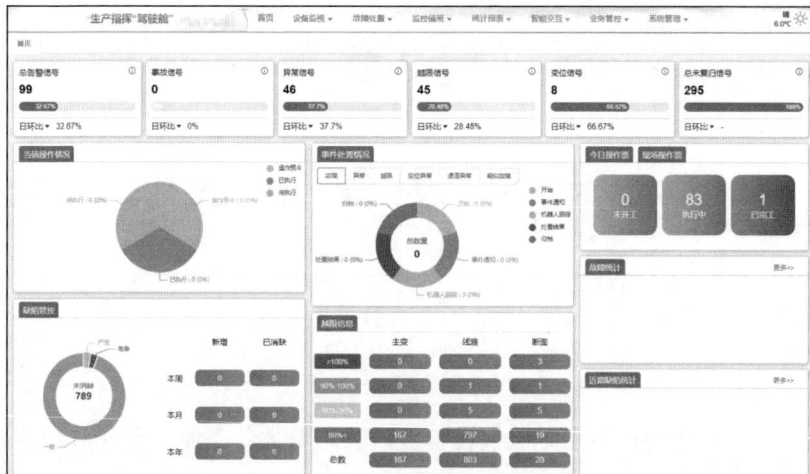

图 2-1 平台首页界面

（1）各类告警信号模块中，用户可以进一步查询告警信号的详细信息。

（2）当值操作情况模块中，用户可以查询当前值班过程中操作预令、已执行操作、待执行操作的数量。

（3）缺陷管控模块中，用户可以查询已消缺、未消缺及新增的缺陷处理情况，并可以通过模块中的链接进入缺陷查询界面，再通过一般缺陷、严重缺陷、危急缺陷三类缺陷标签调取详细缺陷清单。模块中用户可查询周、月、年缺陷增量及消缺数量。

（4）事件处置模块中，用户可以查询已处置、未处置及处置中的电网事件。

（5）越限信息模块中，用户可以查询具体变电站的主变、线路、断面的越限详情，如容量、当前负载率、当日重载时长、最大负载率时间等。

（6）操作票模块中，用户可以查询今日未开工、执行中、已完工的操作票数量，也可以查询详细的现场操作票执行情况，如正令时间、操作开始时间、操作结束时间等。

（7）故障统计模块中，用户可以查询故障详细的发生时间、厂站名称、间隔名称、开关（刀闸）名称。

（8）缺陷管控模块中，用户可以按需要查询某时间段内、某变电站或线路的缺陷详情。模块将缺陷的发现日期、电站、缺陷内容、缺陷性质及处理情况等信息整合起来，形成缺陷事件，简略信息将展示在模块中供用户查询。

（9）右侧通知窗中，平台收集调度技术支持系统中的信息后，通过界面右侧的通知窗提醒用户电网异常信息。

用户可以通过如图 2-2 所示的各个模块进入工作所需的界面，进行下一步的工作或信息查询，如从值班链接中进入日志、操作记录本、模块统计报表等界面进行信息查询或其他工作。

图 2-2　子界面

2.2　事件化监视

2.2.1　策略及流程

某个信号显示在调度技术支持系统平台后，值班台会识别这个信号。若信号有效，则将该信号加入告警窗当中，并根据该信号的告警信息类型进行判断，将这个信号归类于周围的数个辅助的模块中。值班员可以根据需要分门别类地查看这些告警类别下的信号。值班台总界面如图 2-3 所示。

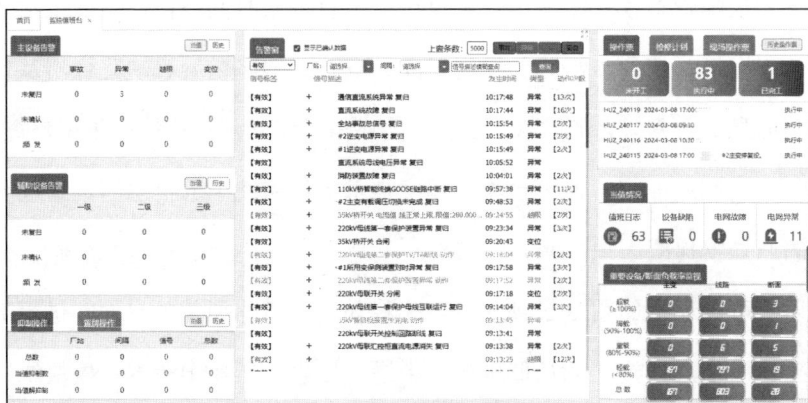

图 2-3　值班台总界面

2.2.2　功能界面及应用

1. 主设备告警

在主设备告警界面中，如图 2-4 所示，会显示本班次目前系统主设备中未复归、未确认、频发的告警数量，并根据告警的四类事件进行划分。在右上角的"历史"分页里可以看到过去的各种信号的统计数值。

主设备告警　当值　历史

	事故	异常	越限	变位
未复归	0	0	0	0
未确认	0	0	0	0
频 发	0	0	0	0

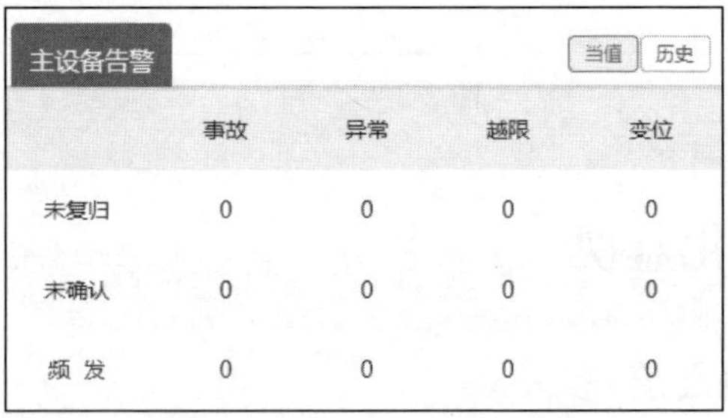

图 2-4　主设备告警界面

2. 辅助设备告警

在辅助设备告警界面中，如图 2-5 所示，会显示本班次目前系统辅助设备中未复归、未确认、频发的告警数量，并根据告警的类别进行三级划分。在右上角的"历史"分页里可以看到过去的各种信号的统计数值。

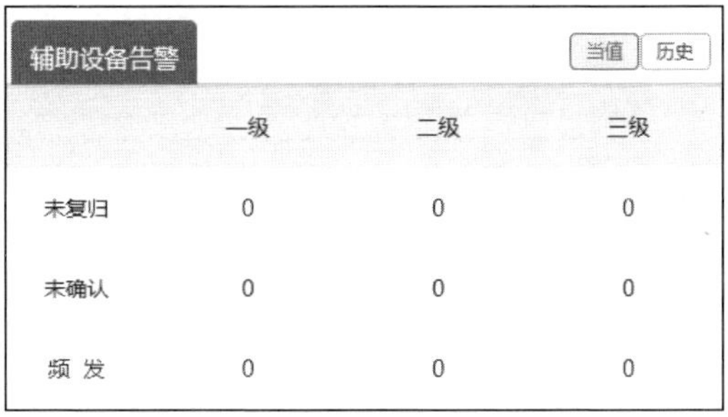

图 2-5　辅助设备告警界面

3. 抑制操作

在抑制操作界面中，如图 2-6 所示，会显示本班次在系统中对厂站、间隔、信号进行抑制和解抑制的次数。在右上角的"历史"分页里可以看到过去的各种信号的统计数值。

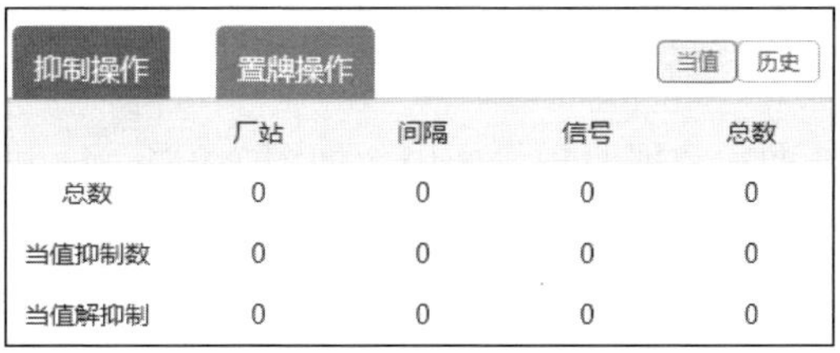

图 2-6　抑制操作界面

4. 告警窗

在告警窗界面中，显示了最近系统告警窗中显示的告警信息。相同的信息会进行折叠归并，并显示近期该信号合计动作的次数。点击信号名称前的"＋"，可以详细看到近期每一次相同的信号动作复归的时间。

5. 操作票

在操作票界面中，如图 2-7 所示，显示了目前未开工、执行中、已完工的操作票数量，点击数字可以查看具体的操作票信息。

图 2-7　操作票界面

6. 当值情况

在当值情况界面中，如图 2-8 所示，可以查看值班日志、设备缺陷、电网故障、电网异常等情况的数量，点击可以查看具体的告警信息内容。

图 2-8　当值情况界面

7. 重要设备/断面负载率监视

在重要设备/断面负载率监视界面中，如图 2-9 所示，可以查看超载、满载、重载、轻载的主变、线路、断面的数量和总数，点击数字可以查看越限详细的情况。

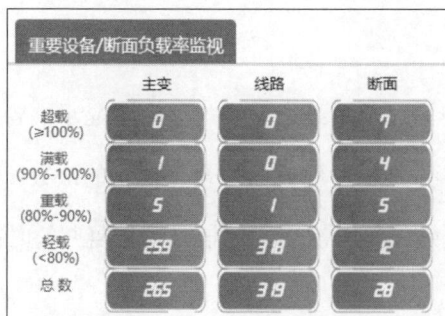

图 2-9　重要设备/断面负载率监视界面

2.2.3　案例

【案例1】未复归告警

图 2-10 所示即为未复归告警窗口，其中××变 35kV 备自投装置未充电，经过系统筛选信息显示出来。

通过"开始时间""结束时间""告警等级""是否上窗""责任分区""是否有效"等选项，可以对查询内容进行筛选，同时在"厂站""内容"中可以输入想要查询的厂站名称和信号的具体内容，来精确地找到想要寻找的信号。

图 2-10　未复归告警界面

【案例2】越限详细界面

图 2-11 所示即为轻载状态的主变越限详细窗口，其中显示了多个变电站的主变负载率情况。通过输入"起始变电站""终止变电站""线路名称""最大负载率>=""当前负载率>=""当前负载率<=""负载率时长<="等详细信息，可以缩小查询的范围。

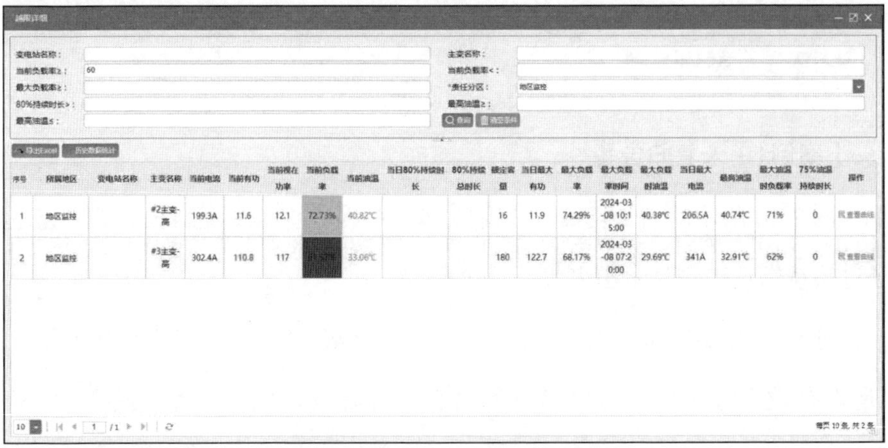

图 2-11　越限详细界面

2.3　智能巡视

2.3.1　策略及流程

根据《国家电网公司调控机构设备集中监视管理规定》，值班员应对所有的 330kV 以下变电站每值至少进行一次全面的巡视检查。其巡视内容主要包括：

（1）检查系统遥信、遥测数据是否刷新；

（2）检查变电站一次设备、二次设备、站用电等设备运行工况；

（3）核对系统检修置牌情况；

（4）核对系统信息封锁情况；

（5）检查输变电设备状态在线监测系统和辅助系统（视频等）运行情况；

（6）检查变电站系统远程浏览功能情况；

（7）检查系统 GPS 时钟运行情况；

（8）核对未复归、未确认信号及其他异常信号。

之前的做法是对以上巡视项目进行人工巡视，按照图 2-12 所示巡视框图的流程逐个界面、逐个数据开展全面巡视。巡视内容包含主变负荷及温度、不平衡、负荷力率❶、工况、电压、交直流、光字牌、重要信息、遥测不刷新监视 9 大类。由于巡视工作量大，每次巡视平均耗时超过 2h。

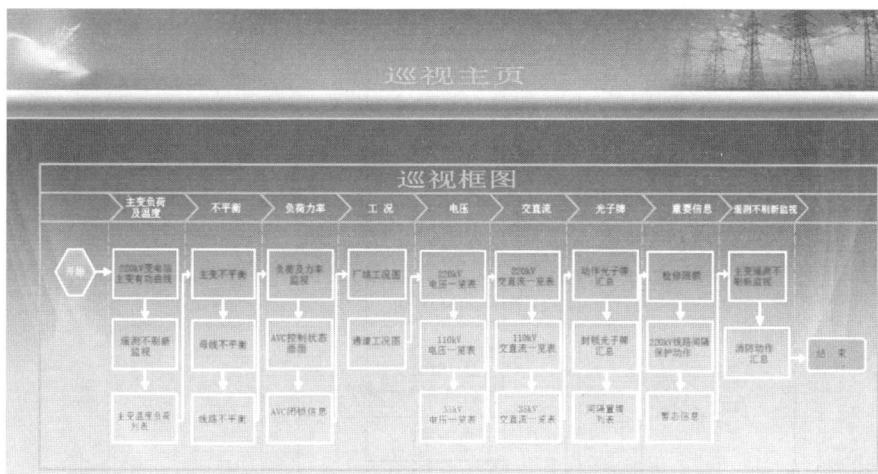

图 2-12　调度技术支持系统巡视框图界面

　　电网生产业务数字化平台的巡视策略与之前的做法不同，如图 2-13 所示，无需按照巡视框图逐个项目进行巡视，它接入 EMS 中的巡视对象的各种电气量和光字牌信息，经过一系列有功功率、无功功率、力率等运算和逻辑判断来查看设备是否有异常，因此可多线程同时巡视未复归告警、主变负载、厂站工况、隔直装置、遥测不刷新、告警抑制、无功倒送、电网事件、设备重过载等情况，并自动生成巡视报告，可直接查看巡视结果和详情，实现从设备运行人工逐个页面、逐个数据巡视转化为一键智能巡视，减少值班员工作量，减轻人员工作压力。根据预先编制的巡视任务，系统自动全面巡视，生成巡视报告。每轮巡视平均耗时仅需 5min。

---

❶ 力率是功率因数的旧称，为与平台界面保持一致，本书仍使用旧称。

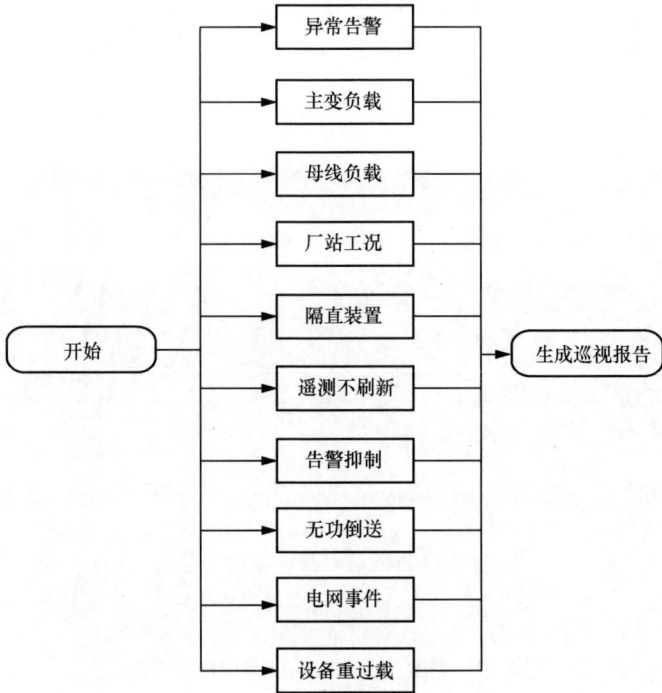

图 2-13　平台巡视流程图

2.3.2　功能界面及应用

　　智能巡视功能界面如图 2-14、图 2-15 所示，其中巡视记录界面可供查阅已完成的巡视报告，点击"巡视任务"则可查看预先编制的巡视任务。点击"立即巡视"出现巡视设置界面，如图 2-16 所示，填写相应巡视信息后，点击"开始巡视"则开启巡视，随后生成巡视报告。点击"编制巡视任务"出现设置界面，如图 2-17 所示，填写相应信息后生成定期或周期的巡视计划，到设定好的巡视时间则自动开展巡视并生成巡视报告。

图 2-14　智能巡视记录界面

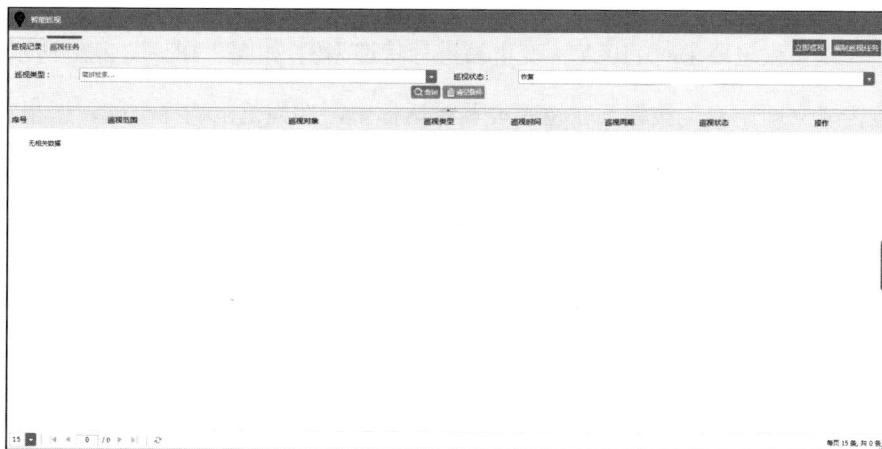

图 2-15　智能巡视任务界面

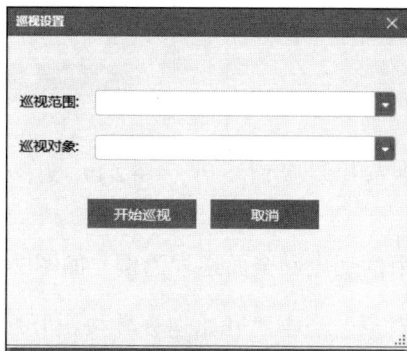

图 2-16　立即巡视设置界面

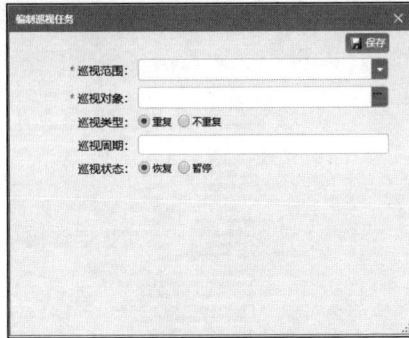

图 2-17　编制巡视任务设置界面

2.3.3　案例

以保供电要求对 110kV Ａ 变电站进行特巡为例，如图 2-18～图 2-20 所示，点击"立即巡视"按钮，在巡视设置对话框中，巡视范围选择全部，巡视对象选择 A 变电站，点击"开始巡视"按钮开启巡视。巡视结束后，生成巡视报告，点击"查看详情"，可查看具体间隔的异常信息。

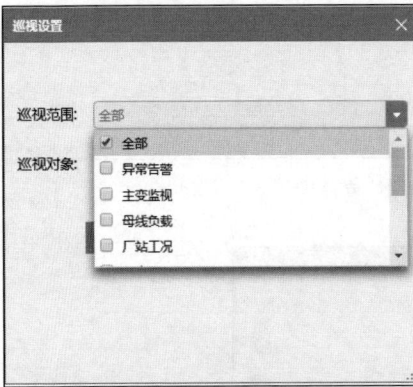

图 2-18　巡视任务巡视范围设置界面

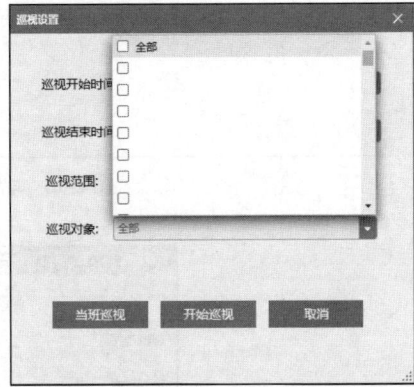

图 2-19　巡视任务巡视对象设置界面

以开启某集控班所的变电站全面巡视为例，如图 2-21、图 2-22 所示，设置好巡视范围、巡视对象，点击"开始巡视"按钮开启巡视。巡视结束后，生成巡视报告，点击"查看详情"，可查看具体变电站（所）的异常信息。

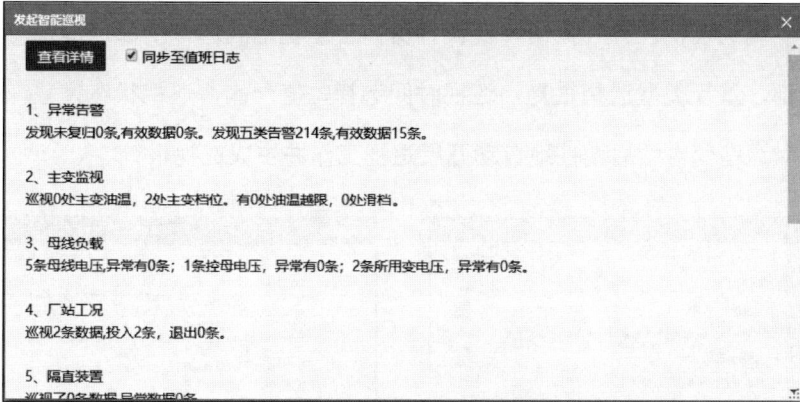

图 2-20　变电站巡视结果界面

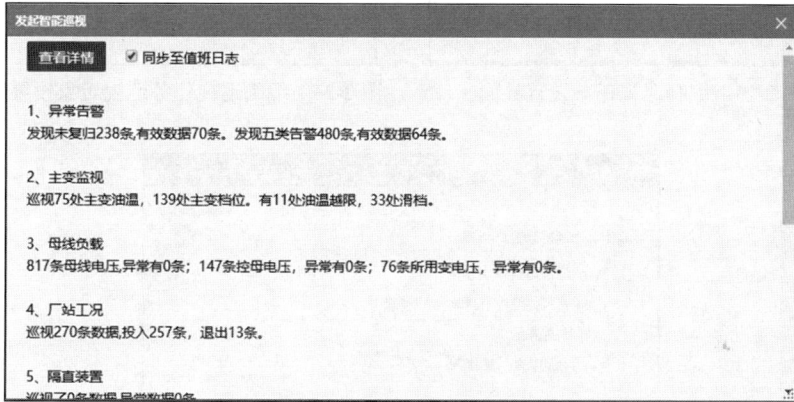

图 2-21　全部变电站巡视结果界面

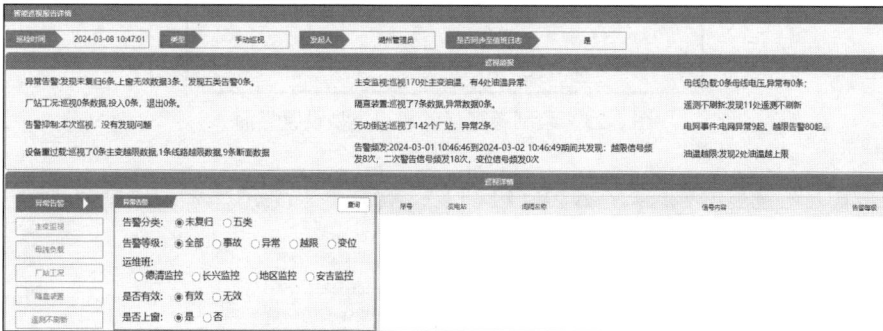

图 2-22　全部变电站巡视详情界面

　　已编制全部变电站的周期性全面巡视任务为例,如图 2-23～图 2-28 所示,点击"编制巡视任务"按钮，在设置窗口中巡视范围选择全部，巡视对象选择全部，重复类型选择重复，巡视时间选择每值一次，巡视状态设置恢复，即可对这些变电站周期性地自动开展巡视工作并生成巡视报告。

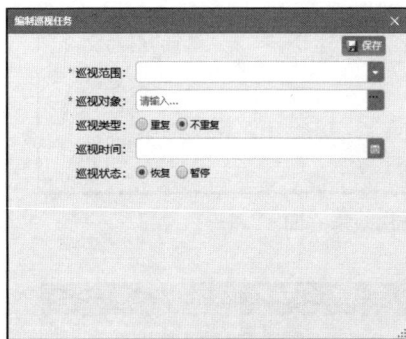

图 2-23　编制巡视任务设置界面

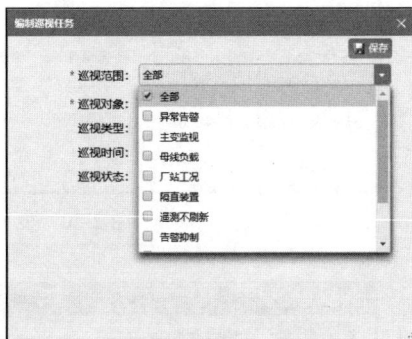

图 2-24　编制巡视任务巡视对象设置界面

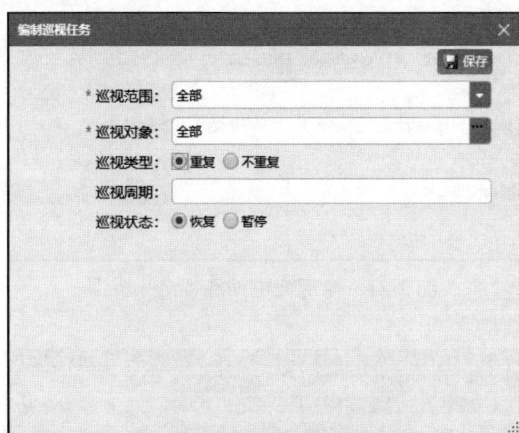

图 2-25　编制巡视任务巡视类型设置界面

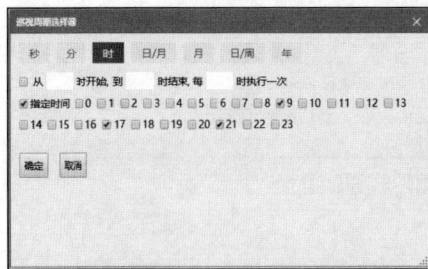

图 2-26　编制巡视任务巡视周期设置界面

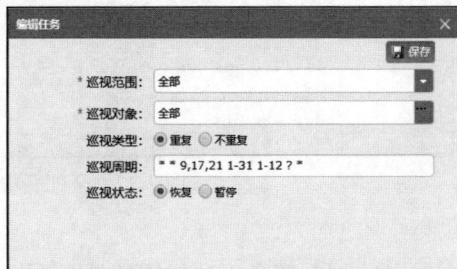

图 2-27　编制巡视任务巡视状态设置界面

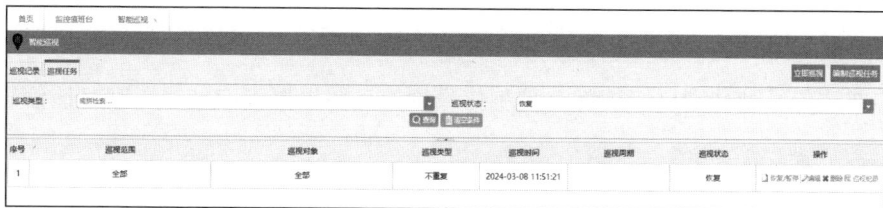

图 2-28　智能巡视任务生成界面

2.4　置牌监视

2.4.1　置牌监视及基本要求

置牌监视是值班员对设备状态进行管控的一项重要工作任务，其目的是为了在设备发生检修、缺陷等各类非正常运行状态时，在间隔或信号放置对应的标识牌，减少无效信息上告警窗的频次，优化值班员对信息进行快速判定处置。置牌类型主要分为关联检修、冷备用、缺陷、启动、刷屏、移交、注释、其他共 8 项内容，如图 2-29 所示。

（1）当主网设备进行检修时，为抑制相应信号上告警窗刷屏及防误操作，值班员应在该设备间隔的操作处挂关联检修（检修、开关检修、线路检修、开关及线路检修、开关及电容器检修、开关及电抗器检修、开关及接地变检修、电容器检修、电抗器检修、接地变检修）标识牌，待工作结束后取消置牌。

（2）当一次设备因运行方式等需要长期置为冷备用时，值班员应在该相应设备间隔处挂冷备用标识牌。

（3）当主网设备发生缺陷，并经生产管控机构相应管理专职研判短时间内无法消缺时，为抑制相应信号频繁刷屏，值班员在该信号上挂缺陷标识牌，并记录缺陷。

（4）当新设备接入启动时，值班员应在该设备间隔信号处挂启动标识牌。

（5）当主网设备某一间隔信号频繁刷屏，严重影响当值班员其他信号时，应在该信号处挂刷屏标识牌，抑制信号刷屏，并根据相应处置原则对该信号进行处置。

（6）当主网设备因故障等原因，装置信号动作未复归，导致值班员无法正常监视该信号时，应通知相应运维单位进行现场监视并将该信号挂移交标识牌。

（7）当范围内的设备因某些特殊原因需要对其进行注释时，在相应信号处进行文字注释，方便其他值班员进行快速判断，避免误操作。

（8）其他标识牌（调试、保电线路、BZT 停用、合不上、搭通、接地、拆头、非自动、重合闸），在出现相对应情况时进行置牌。

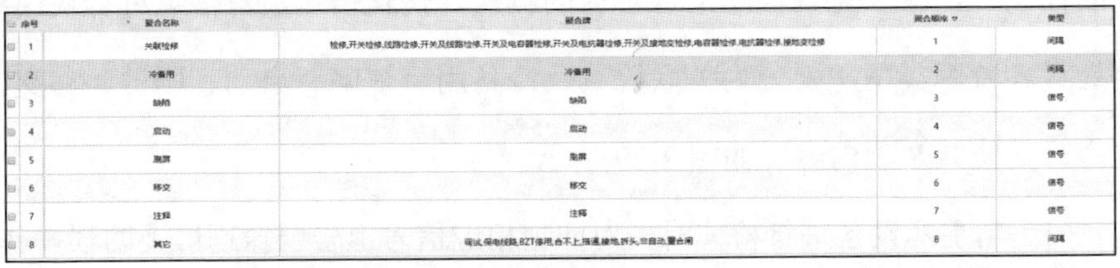

图 2-29　置牌（聚合牌）类型

2.4.2　功能界面及应用

置牌监视功能界面分为抑制操作和置牌操作。点击导航设备监视，选择值班台，在左下角显示置牌操作界面，如图 2-30、图 2-31 所示。在该界面上方展示当值或历史的抑制及置牌操作，单击相应的数字可以查看操作的具体内容。点击抑制操作间隔列下方的数字按钮，弹出当值或历史的抑制操作的查询窗口，如图 2-32 所示，显示当值或历史值班员的抑制操作。点击置牌操作间隔列下方的数字按钮，弹出当值或历史的置牌操作的查询窗口，如图 2-33 所示，显示当值或历史值班员的置牌操作。

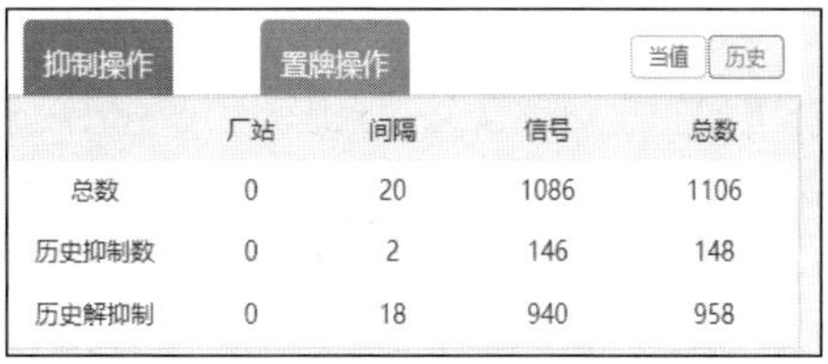

图 2-30　抑制操作界面

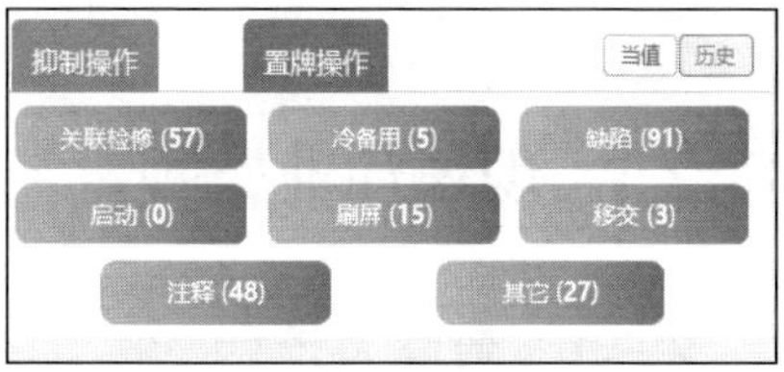

图 2-31　置牌操作界面

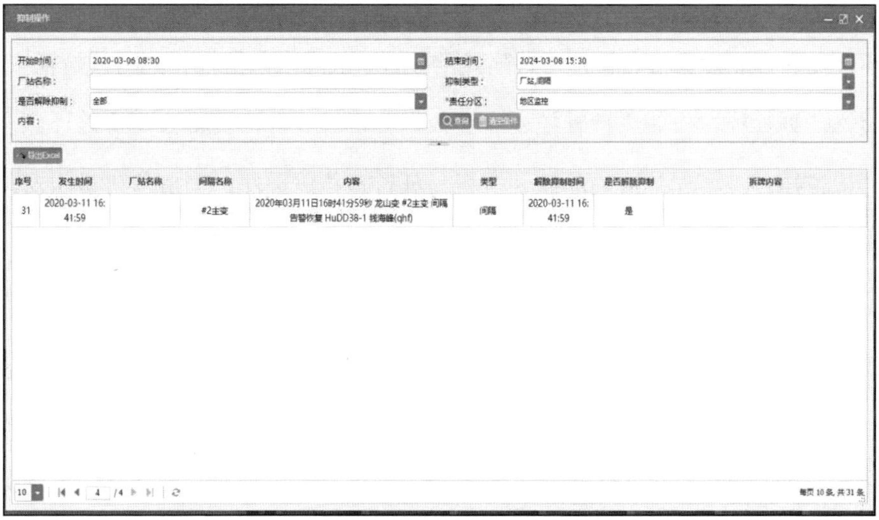

图 2-32　抑制操作详细界面

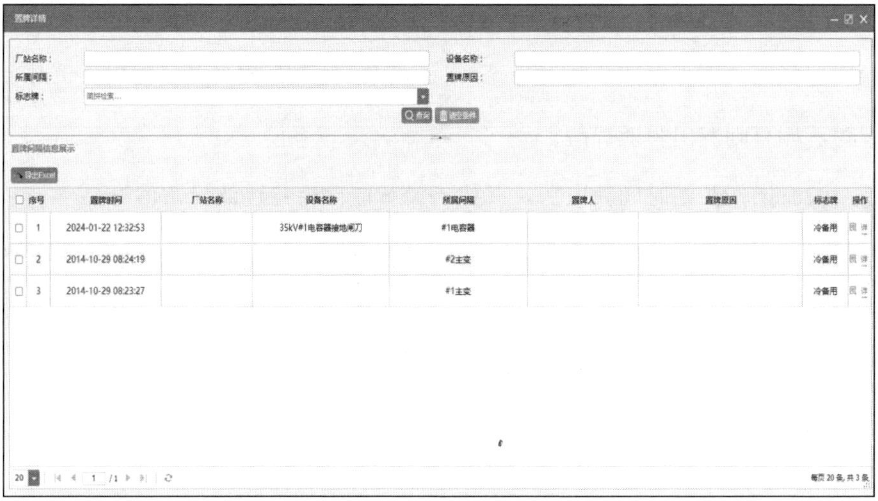

图 2-33　置牌操作详细界面

2.5 现场作业监视

2.5.1 策略及流程

根据专业要求，当值值班员应针对各项专业要求抓落地、抓执行、抓闭环，负责开展设备状态管控、缺陷异常处置、故障应急管控、电网风险管控、检修计划管控、作业过程管控、专业数据分析等业务，负责公司检修计划全过程管控、设备异常缺陷的研判分析与处置管控。因此，当值值班员应对现场的倒闸操作和检修工作流程进行掌控。

对现场倒闸操作监视部分，平台通过链接数字操作票系统获取数字操作票信息，根据《遥控操作典型信息规则库》典型操作事件及对应操作信息智能生成操作事件，实现与操作相关信息智能匹配过滤的功能。同时支持操作任务、操作项目与操作产生的信息之间自主学习、操作信息反校核，实现操作信息智能分析功能，并可实现以下功能：

（1）在获取发令时间时，校核对应变电站内所操作的设备状态是否符合操作前状态，即本票中"运行"态，同时校核是否有相关间隔置牌、光字置牌等，如有则发出智能提醒。

（2）操作开始时间获取后，开始告警智能分析与过滤异常信号。

（3）操作结束时间获取后，智能生成操作事件"××年××月××日××时××分××变××线由运行改为线路检修"。现场操作结束，告警信息校核正常，请检查并确认"是否将××变××线间隔置牌线路检修"。

（4）当值值班员回复"是"，即自动置牌。

（5）同步支持智能交互窗，点击已生成的遥控操作事件，可查看操作票操作步骤及对应告警信息。

（6）在今日操作中显示网络化发令调度总操作任务，可查看具体操作任务，可查看具体操作任务执行情况。

（7）现场操作后仍有未复归告警信息经初步分析判断为异常时，生成异常事件在智能交互窗，支持短信/电话（需人员确认）通知本次操作人员（现场操作票中的"受令人"）。

（8）支持调用操作票系统并按变电站、设备类型遥控操作统计、个人遥控操作量统计计算，以及每月、每年遥控操作总量及平均量统计分析。

（9）支持调用值班系统使得预令操作能根据值班表及管理人员值班情况短信通知提醒当值值班员及管理人员遥控操作任务。

（10）遥控操作后仍未复归告警信息经初步分析判断为异常时，生成异常事件在智能交互窗，支持短信/电话（需人员确认）通知当日管理人员。

（11）在网络化操作票第一步令操作开始时，通过短信或电话形式智能提醒本张票所涉及操作单位提前做好操作准备；如操作单位为本集控班，操作上一步操作开始时，通过短信或电话形式智能提醒管理人员遥控操作即将开始。提醒格式为"××年××月××日×××（操作票票号）××（操作单位）××线由运行改为热备用遥控操作/现场操作即将开始，请您做好准备"。

现场操作监视流程如图 2-34 所示。

对现场检修工作监视部分，平台通过链接数字工作票系统获取工作票信息联动检修计划分析，实现与工作产生的相关信号智能匹配过滤。并可实现如下功能：

（1）与生产计划智能匹配，显示工作进度（××%=实际已开展时间/计划开展时间）。

（2）与数字操作票及缺陷匹配，支持操作票、工作票、缺陷在变电站、设备相同情况下的缺陷消缺安排提醒。

现场操作监视流程图

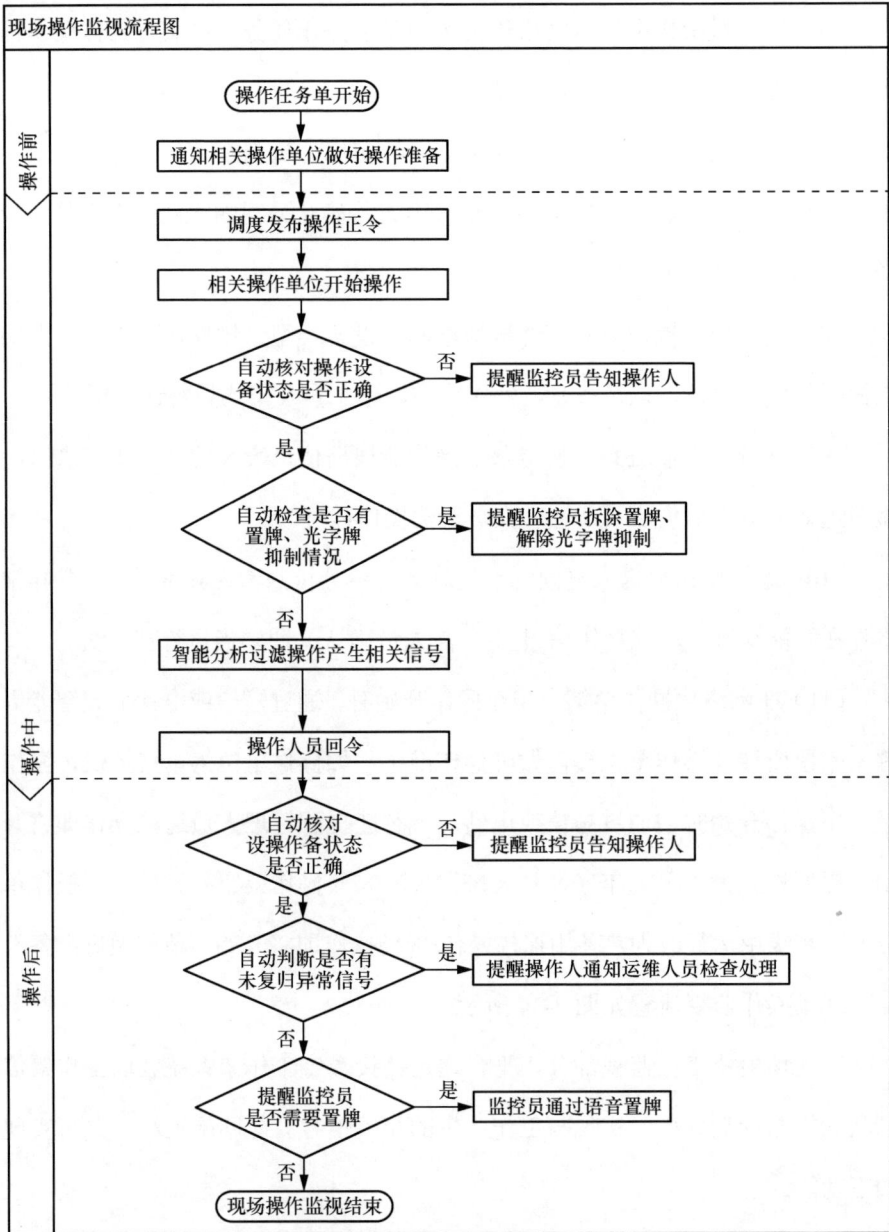

图 2-34　现场操作监视流程图

（3）支持工作票工作开始时，立即上传记录"工作开始时间"，生成工作提醒事件。

（4）支持工作结束后，智能生成异常信息与现场人员（工作许可人）校核事件提醒及置、拆牌提醒。

（5）支持工作结束后，立即上传记录"工作结束时间"，或计划工作结束前半小时工作临近超期提醒。

现场检修工作监视流程如图 2-35 所示。

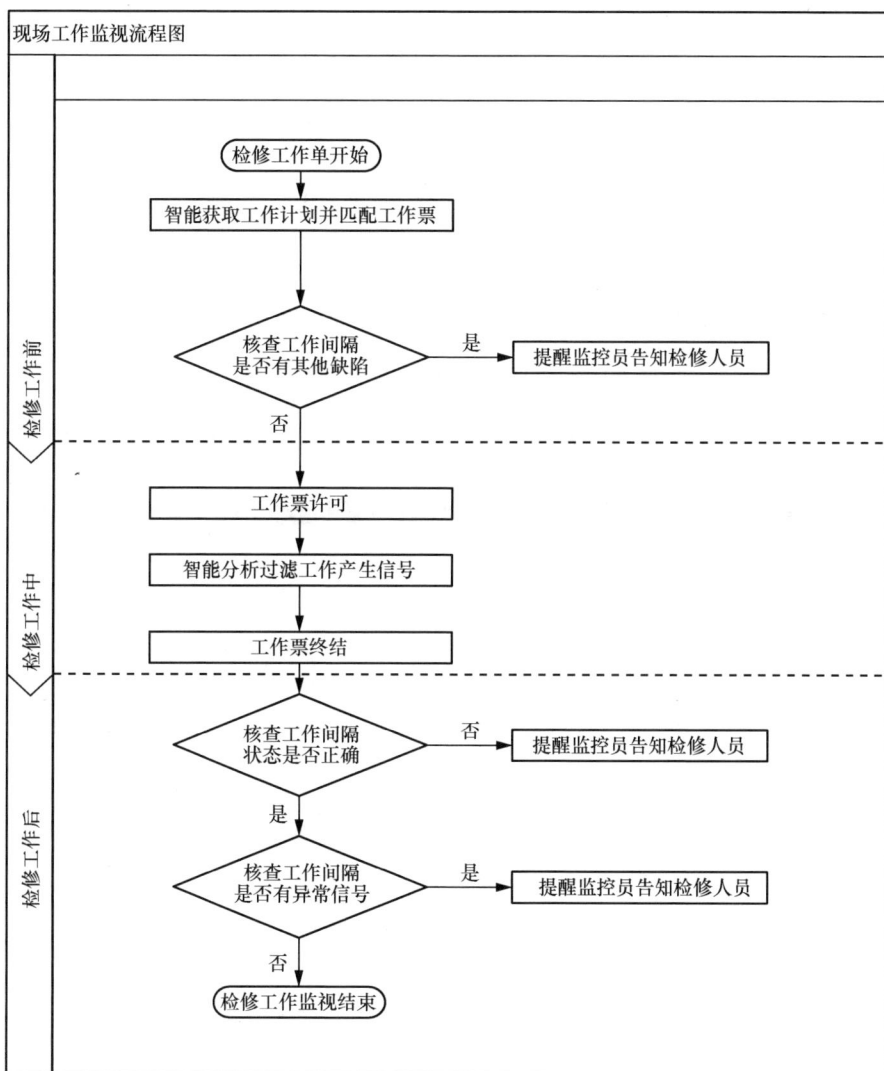

图 2-35　现场检修工作监视流程图

2.5.2 功能界面及应用

现场作业监视功能界面分为倒闸操作监视和检修工作监视。点击"操作票"按钮，显示倒闸操作监视的界面，如图 2-36～图 2-39 所示。在该界面下方展示

图 2-36 现场倒闸操作监视功能主界面

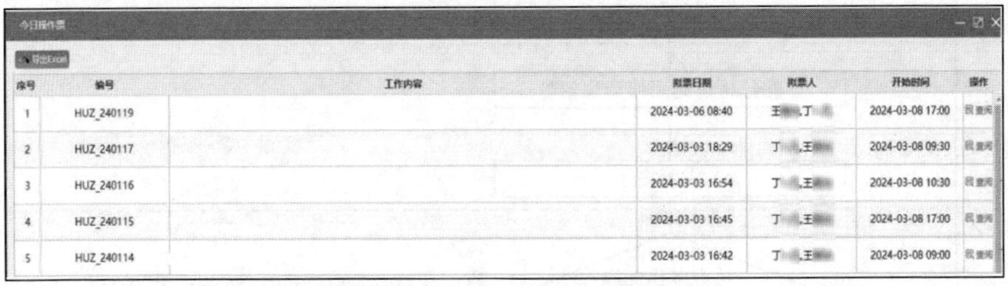

正在执行或最近执行完毕的操作任务单，双击可以查看操作相关的具体内容。点击"未开工"按钮，弹出今日未执行的操作任务单窗口，显示今日还未开始执行的操作任务单；点击"执行中"按钮，弹出今日正在执行中的操作任务单窗口，显示正在执行的倒闸操作任务单；点击"已完工"按钮，弹出今日已执行的操作任务单窗口，显示今日完成的操作任务单。点击右上角的"历史操作票"按钮，弹出已执行完毕历史操作票窗口，该窗口支持查询统计和EXCEL格式导出功能。

图 2-37 现场倒闸操作监视执行中界面

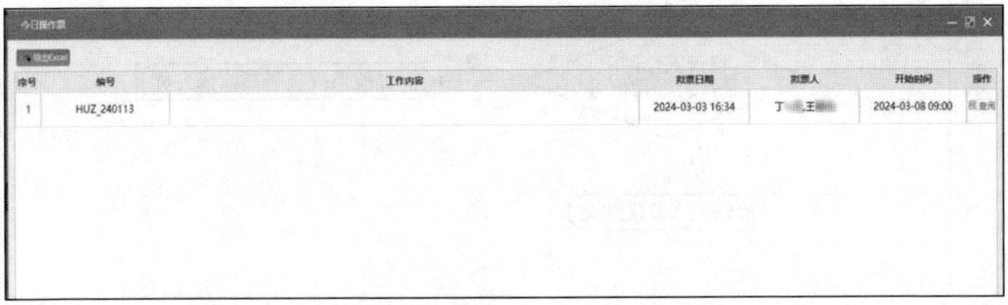

图 2-38 现场倒闸操作监视已完工界面

28

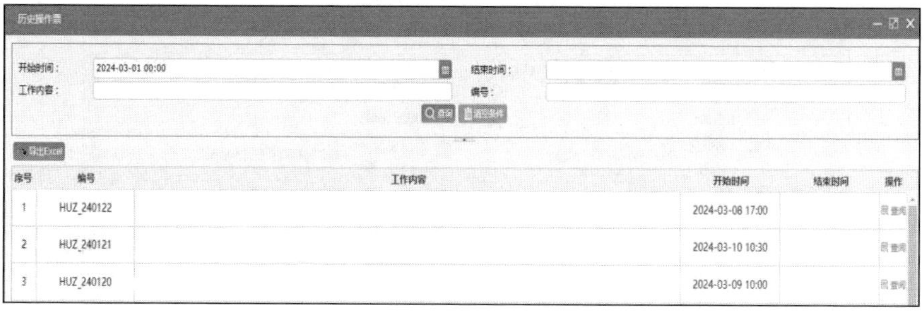

图 2-39　现场倒闸操作监视历史操作票界面

　　点击"检修计划"按钮，出现检修工作单监视的界面，如图 2-40～图 2-42 所示。在该界面下方展示正在执行中和最近执行完毕的工作单，双击工作单后显示该工作的相关信息。点击"未开工"按钮，弹出今日未开工的工作单窗口，显示今日未开工的工作单；点击"执行中"按钮显示今日正在执行中的工作单，双击工作单，显示相关的工作单信息；点击"已完工"按钮，弹出今日已执行的工作单；点击右上角的"历史检修单"按钮，弹出执行完毕的历史工作单，该窗口支持查看、查询统计和 EXCEL 格式导出功能。

图 2-40　现场检修工作监视主界面

图 2-41　现场检修工作监视未开工界面

图 2-42　现场检修工作监视执行中详情界面

2.5.3　案例

现场操作监视以 110kVB 变电站#1 主变复役运行为例，调度发令后，平台向值班员发出提醒，如图 2-43 所示。值班员在最近操作任务单区域点击 110kVB 变电站#1 主变复役，展示该操作的人员和进度等信息，如图 2-44 所示。

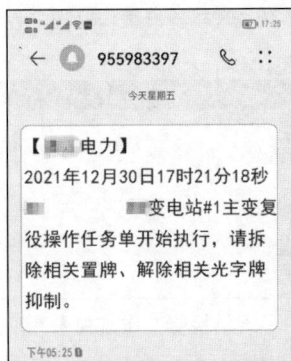

图 2-43　现场操作监视短信提醒

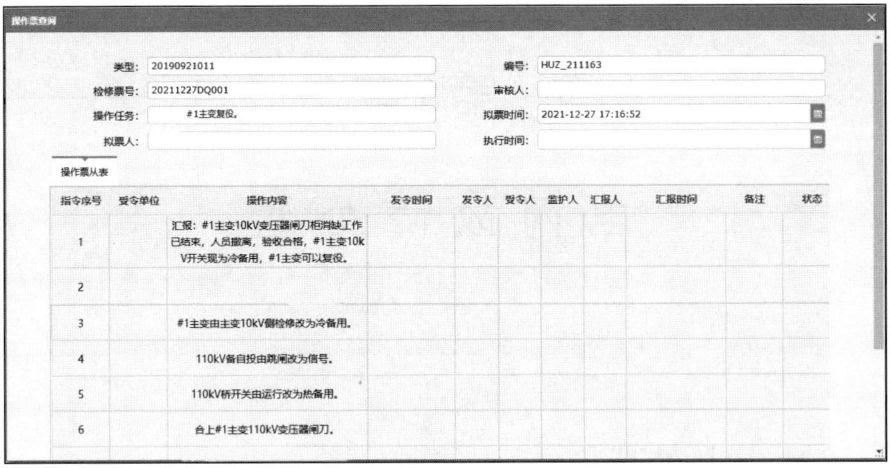

图 2-44 现场操作任务单详情

现场检修工作监视以 220kV 某变电站 220kV 线路闸刀检修为例，在计划上检修工作时间开始前，平台向值班员发出提醒。

第 3 章

电 网 故 障 处 置

3.1 事故处置

3.1.1 策略及流程

根据业务要求，值班员发现故障跳闸、设备异常等情况时，需及时通知调度、运维、检修人员进行处理，并按照调度指令开展故障应急遥控操作。按照传统故障初步汇报模式，发生故障后，值班员首先对故障信号进行人工研判分析，再通过电话及时通知调度人员、运维人员、检修人员、专职、管理人员等。在此期间，值班员必须逐个电话通知、逐条编辑发送故障短信，由于人力有限且对报送时间要求较高，这严重影响值班员的其他正常工作，不利于故障处置的有效开展。在进行电网故障报告时，需分别登录故障录波系统、杆塔定位系统、工业视频等 12 套专业数据平台，综合研判以上数据才可形成最终报告。根据不完全统计，2021 年以来，生产管控机构故障研判处置时长平均值为 317s，如图 3-1 所示。而根据业务工作要求，故障发生后初次的汇报时间为 5min，值班员故障汇报时长亟需缩短。

按照优化故障处置模式，发生故障后，平台可自动生成故障事件，同时提示值班员进行查看，值班员可对生成的事件进行"一键"确认，平台将以语音和短信的方式通知调度人员、运维人员、检修人员、专职、管理人员等。过程中程序自动验证权限、操作简便、登录耗时短,提高故障处置效率,提升班组业务智能化水平。通过以上方式,优化了值班员的故障处置流程(如图 3-2 所示虚线框部分为平台介入流程),极大地提升了故障事件初步汇报的效率,减轻了值班员的工作强度。

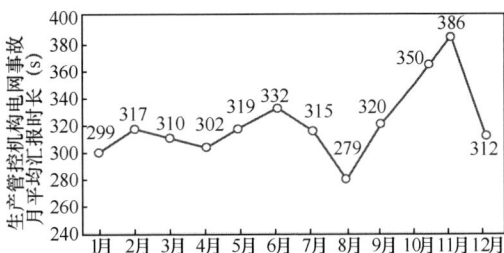

图 3-1　生产管控机构研判处置时长

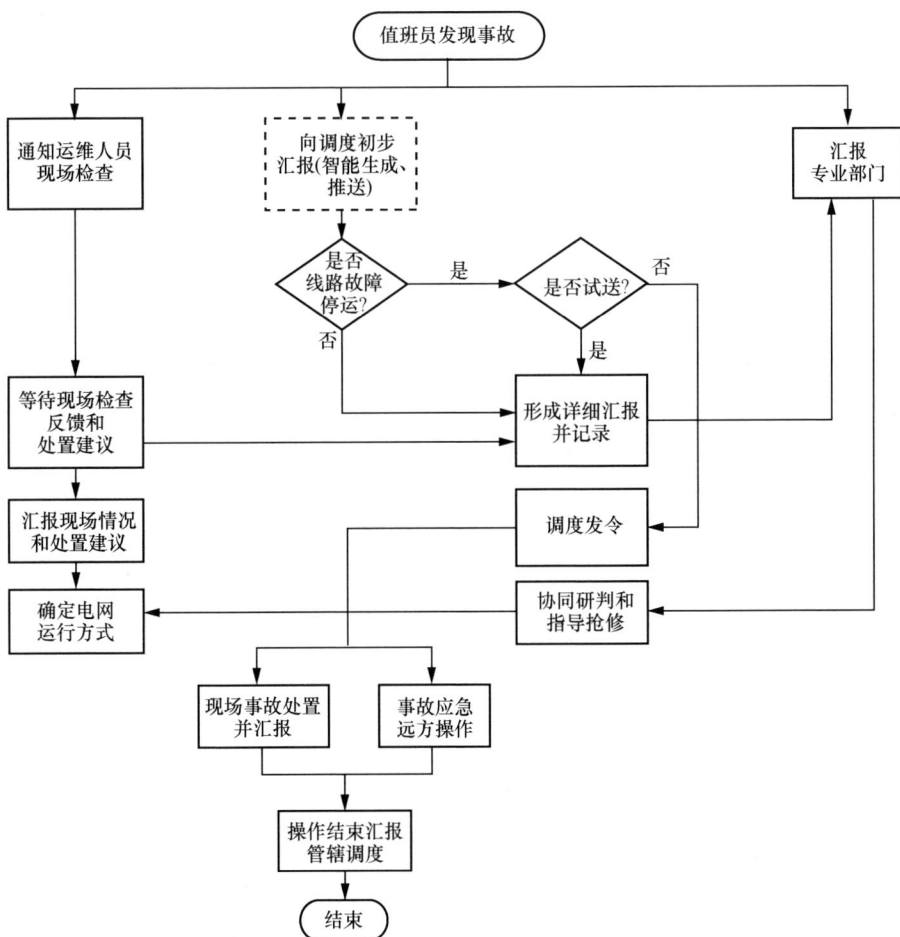

图 3-2　值班员故障处置

3.1.2 功能界面及应用

进入平台，在菜单栏中找到"故障处置"。此页面对故障处置事件进行可视化图形化展示，可根据当前故障事件处置环节自动短信通知相关人员，同时接入故障录波简报、图形文件进行解析，便于值班员对电网故障事件进行研判。

电网故障处置图形界面由故障数统计、故障间隔电压等级构成、变电站排行、故障分类四块内容组成，基本涵盖了单位电网故障的所有统计，如图 3-3 所示。

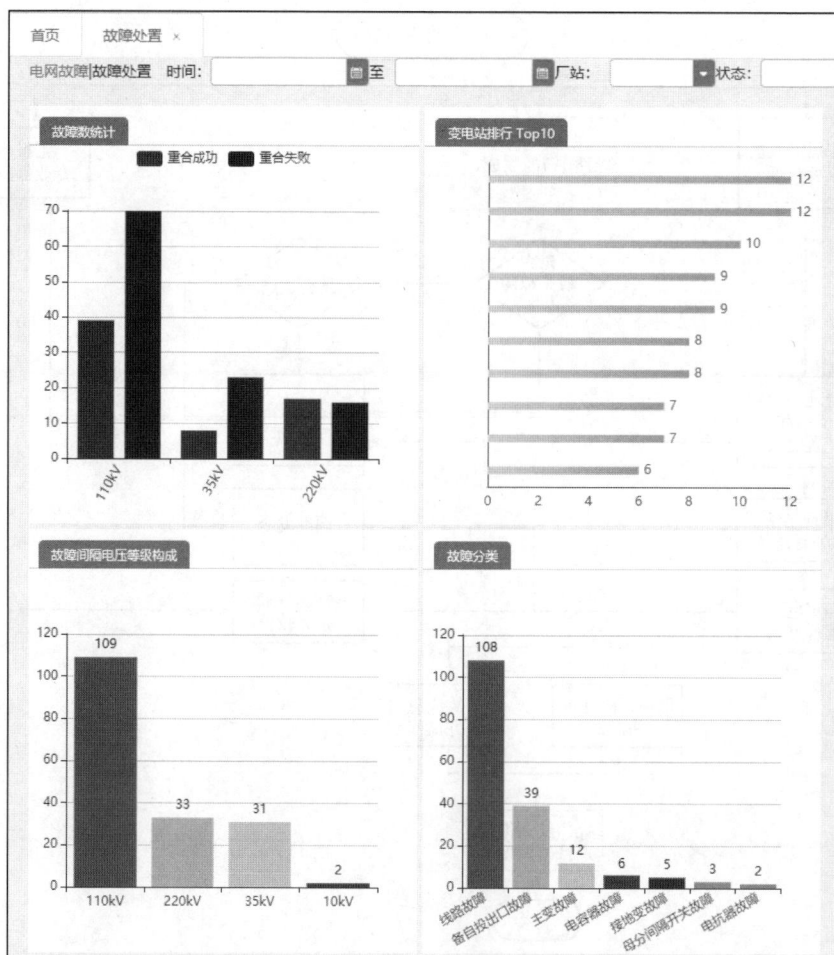

图 3-3 故障处置页面概览

故障数统计是统计显示各电压等级（220、110、35kV）故障重合闸成功与重合闸失败数量；故障间隔电压等级构成是统计显示各电压等级（220、110、35、10kV）故障间隔数量；变电站排行 Top10 是统计显示故障事件发生量前10 位的变电站名称；故障分类是统计显示线路故障、备自投出口故障、电容器故障、母分间隔开关故障、主变故障数量。

在进行数据查询时，依次选择起始时间、厂站、状态，点击"搜索"按钮进行数据查询。搜索数据结果如图 3-4 所示，每条数据结果显示该起故障的发生时间、厂站、保护动作、事件详情、事件处理流程。事件处理流程依次为开始、事件通知、平台跟踪、处置结果、归档。

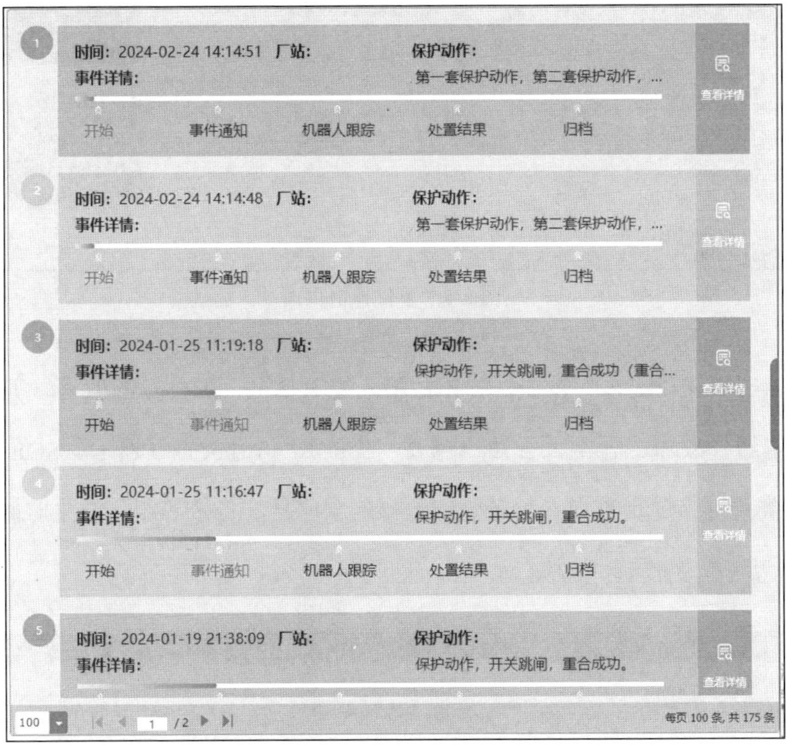

图 3-4　故障处置搜索结果

点击搜索结果数据列右侧"查看详情"，进入事件详情页面，如图 3-5 所示。其中：

（1）事件进度：显示该故障事件当前的处置进度，包含开始、事件通知、处置跟踪、处置结果、归档 5 个流程。

（2）故障关联信息：显示与该故障事件所有相关的关联信息，每条信息包含序号、告警等级、发现时间、毫秒值、厂站、间隔、内容。

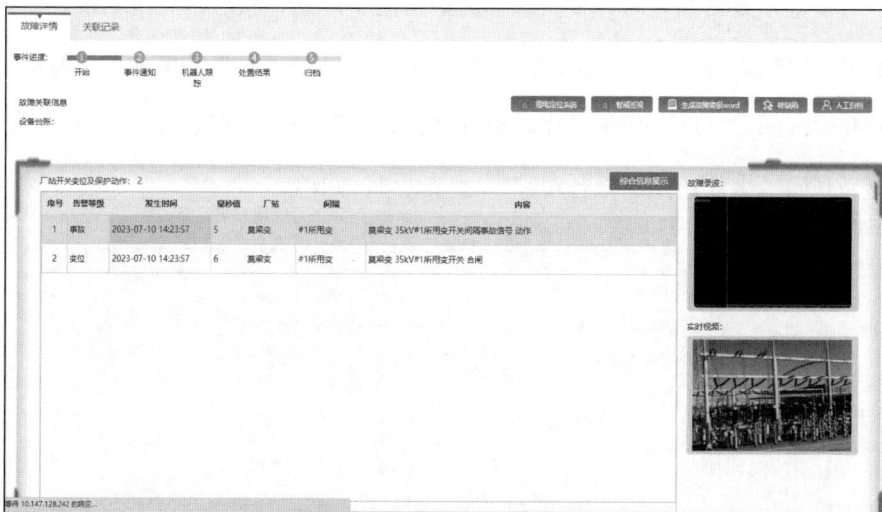

图 3-5　事件详情页面

点击"加载更多"按钮，弹出故障告警对话框，如图 3-6 所示。可通过告警等级（故障、异常、告知、越限、变位）、信号类型（遥信、SOE）、厂站 3 类关键字进行查询，每条查询数据包含序号、告警等级、发生时间、毫秒值、厂站、间隔、内容。

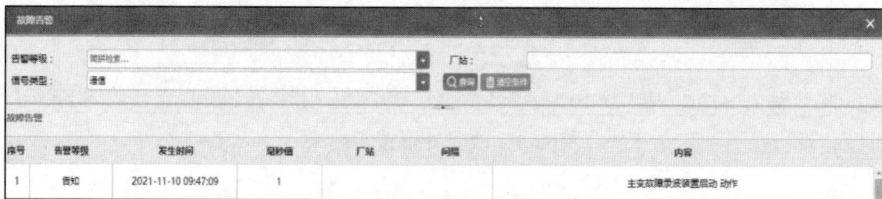

图 3-6　故障告警对话框

（3）雷电定位系统：点击"雷电定位系统"按钮，平台自动弹加载雷电定位系统页面，如图 3-7 所示。

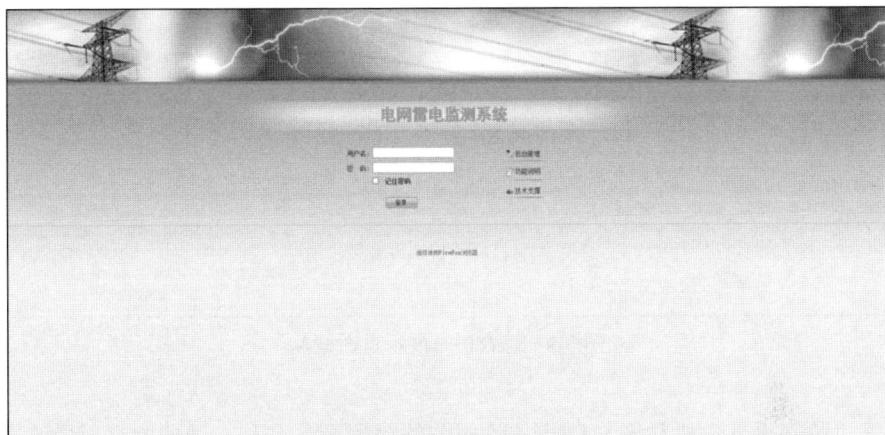

图 3-7　雷电定位系统

点击"生成故障简报 word"按钮，可自动生产故障简报，内容包含故障概述、故障处置过程、故障信号分析、故障录波分析、故障报文（详见附录1）。

（4）人工归档：在事件详情页面点击"人工归档"按钮，弹出如图 3-8 所示对话框，点击"确认"该异常事件进入归档流程。

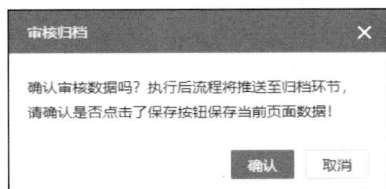

图 3-8　人工归档对话框

（5）综合信息展示：在事件详情页面点击"综合信息展示"按钮，进入综合信息展示页面，如图 3-9 所示。该页面集中展示与该起故障相关的所有信息，包含跳闸设备、关联告警、历史跳闸、站内接线图、整站负荷、继保定值、电网接线图、工业视频、一事一卡、停电计划、雷电监测系统。其中：

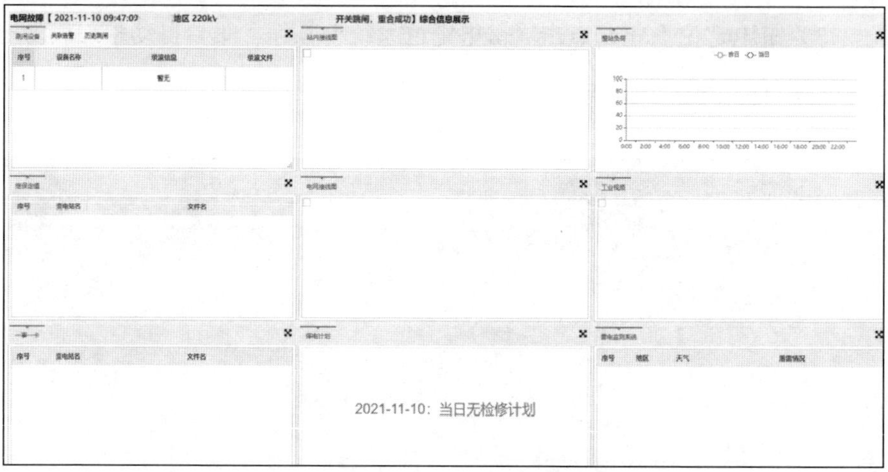

图 3-9 综合信息展示页面概览

"跳闸设备"栏显示与该起故障相关的跳闸设备名称、录波信息、录波文件，如图 3-10 所示。

序号	设备名称	录波信息	录波文件
1	开关	C相接地故障，故障电流7.606kA，侧故录测距6.873公里	查看详情

图 3-10 跳闸设备

"关联告警"栏显示与该起故障相关的故障、变位、异常、越限、告知信息，以及相应的发生时间和告警内容，如图 3-11 所示。

事故&变位(4)	异常(14)	越限(0)	告知(32)

序号	发生时间	毫秒	告警内容
1	2021-11-10 09:47:09	2	
2	2021-11-10 09:47:09	18	开关 分闸
3	2021-11-10 09:47:10	7	保护重合闸动作 动作

图 3-11 关联告警

"历史跳闸"栏显示发生在与该起故障相同设备间隔的历史故障信息，包含发生时间、联系人、跳闸内容，如图 3-12 所示。

序号	发生时间	联系人	跳闸内容
1	2021-04-30T10:33:49	变电站设备监控辅助机器人	保护装置故障，告警未复归时长超过2分钟。
2	2021-04-30T10:33:49	变电站设备监控辅助机器人	保护装置异常，告警未复归时长超过2分钟。
3	2021-04-30T09:56:50	变电站设备监控辅助机器人	保护失压信号，告警未复归时长超过2分钟。

图 3-12　历史跳闸

3.1.3　案例演示及分析

20××年 8 月 9 日 13 时 44 分 35 秒，220kV××××线 A 相故障，第一套保护动作，第二套保护动作，开关跳闸，重合失败。在发生此次故障后，平台立刻投入运行，为分析研判以及跳闸汇报节省了大量时间。

发生故障后，平台第一时间自动生成事件，提示值班员查看，值班员查阅后点击"确认"，短信即发送至相关人员手机，如图 3-13 所示。若此次故障事件处于深夜，人员可能会错失短信的接收，平台会自动拨打相关人员电话，将事故信息简略告知。

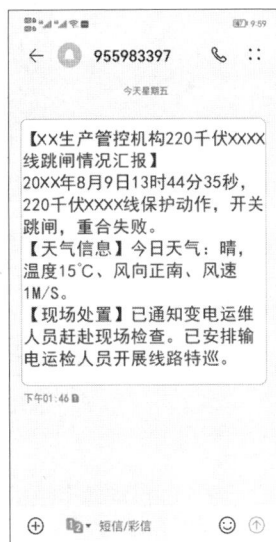

图 3-13　跳闸情况汇报第一条短信

进入首页，值班员可以清晰地看到第一条故障信息，看到事故流程状态及相关信息，如图 3-14 所示。同时，值班员可以点击"查看详情"了解故障更多信息。

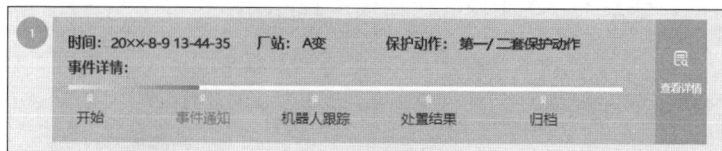

图 3-14　故障预览

最后值班员通过平台提供的台账信息及工业视频发送第二条故障跳闸简要汇报，如图 3-15 所示。

图 3-15　跳闸情况汇报第二条短信

通过平台自动编辑故障信息短信，故障信息报送效率得到了提升。平台不仅实现故障事件上报业务流程的自动化，大幅降低人力成本和时间成本的投入，还有效提升了工作效率和报送质量，也为现场处置和后续提升措施提供支撑。

3.2　设备操作

3.2.1　策略及流程

电网设备的运行操作和事故处理是电网调度的重要职责，倒闸操作是完成这些工作的手段。根据《电网远方遥控操作管理规定》，遥控操作的基本步骤如图 3-16 所示。

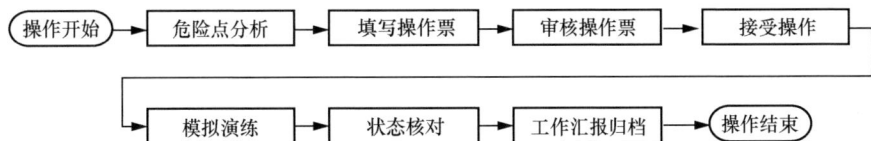

图 3-16　遥控操作基本步骤

（1）危险点分析：遥控操作人员应明确操作目的和顺序，分析操作过程中可能出现的危险点并采取相应的措施。

（2）填写操作票：遥控操作人员按预先布置的操作任务（操作步骤）正确填写操作票。

1）拟票人根据受令人布置的操作任务，核对网络化发令系统中的调度预令与运行日志一致后才能开始拟票。

2）拟票前，应查看设备实际状态。

3）拟票人在进行开票前，应再次核对网络化操作系统中的操作命令与运行日志及操作票中的命令是否一致，然后开票。

4）拟票人对填写的操作票进行自审，无误后交给接令人审票。

（3）审核操作票：操作票经审核并签名，拟票人和审核人不得为同一人，一般情况下副值负责开票，正值负责审核。

（4）接受操作：接受正式操作指令，记录发令时间。

（5）模拟预演：模拟预演，检查核对系统方式、设备名称、编号和状态。

（6）状态核对：按操作票逐项唱票、复诵、监护、操作，确认设备状态，与操作票内容相符并打勾。

1）操作人用鼠标指间隔名称读唱："××间隔"，监护人核对无误后回答："对"。操作人点击进入操作画面。

2）操作人进入操作画面，找到需操作设备的图标，用鼠标指该设备的图标读唱设备命名。

3）监护人随操作人读唱核对该设备命名与操作票上设备命名相符后，发出"对"的确认信息。

4）操作人点击设备图标打开操作界面，双方分别输入用户名、口令，操作人输入设备命名。

5）双方核对设备状态与操作要求相符。

（7）工作汇报与归档：汇报操作结束及时间并做好记录，核对系统模拟图或电子接线图与设备状态一致，然后签销并归档操作票。

由此可见，在传统模式下进行遥控操作，严重依赖人工完成全流程状态校核、操作票开票、审票、操作执行等步骤，操作压力巨大。据统计，实际工作中拟票环节占设备应急操作 60%的时间，不利于电网故障处置的快速有效开展。同时，如何杜绝误操作是电网调度日常管理工作中一个重要的问题，正确无误的操作票是防止误操作的根本。

平台通过智能化分析研判，全面介入事故后的应急试送操作（图 3-17 虚线框部分为平台介入流程）。平台在接收调度指令后，首先完成设备初始状态校核，随后完成操作票智能化开票，并提交人员审核。在人员执行遥控操作的过程中，针对每一操作步骤实施遥控操作设备状态实时校核，避免了人员误操作的可能性。事故应急操作流程如图 3-17 所示。当线路试送成功后，平台自动向调控人员等发出短信，短信内容如表 3-1 所示。

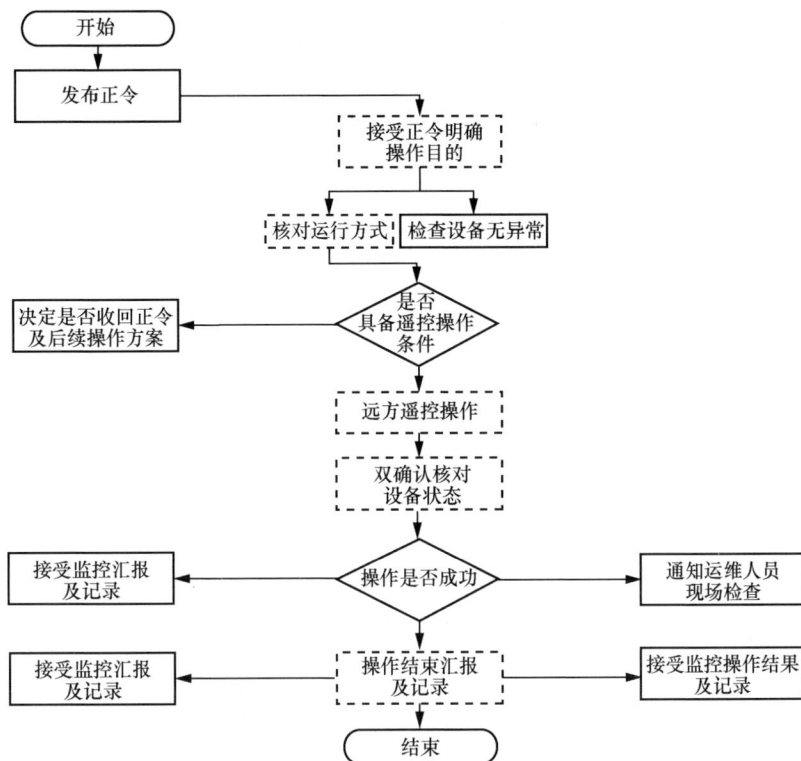

图 3-17 事故应急操作流程

表 3-1 远方试送电情况短信

短信发送时间	变电设备故障
试送成功后	【远方试送电情况】××时-××分-××秒，××站××线远方试送成功，设备状态、告警信息核对无异常

平台将多套系统的数据和业务进行贯通，实现图模同源、状态同步与监测，提升生产操作票与设备状态校核效率。停电计划或停役申请的操作票通过智能操作票系统，直接生成调度操作票，将人工拟票转化为系统自动成票，实现"一键成票"。故障应急处置过程中拟票环节从原来的 10min 缩短到 2min，大幅节省拟票工作效率，释放操作人员劳动力，将更多的精力放在审核、发令、指挥以及故障处置方面，显著提高整体运作效能。

3.2.2 功能界面及应用

操作票系统基于平台系统建设，系统首页如图 3-18 所示，在系统左侧菜单分别显示电子公告、省调操作、省调预令操作、地调操作、地调预令操作、地调操作、调度对象、调度通知、信息统计。首页中间显示正令管理、预令管理、待操作指令，分别展示执行中、已执行、待签收、已签收项目，右侧显示待处理、流转中、状态校核。

图 3-18 操作票系统首页

1. 系统应用界面

点击操作票系统首页左侧菜单中"地调操作"，下拉菜单显示拟定中、审核中、待执行、执行中、已执行、已归档、已作废、查询，如图 3-19 所示。

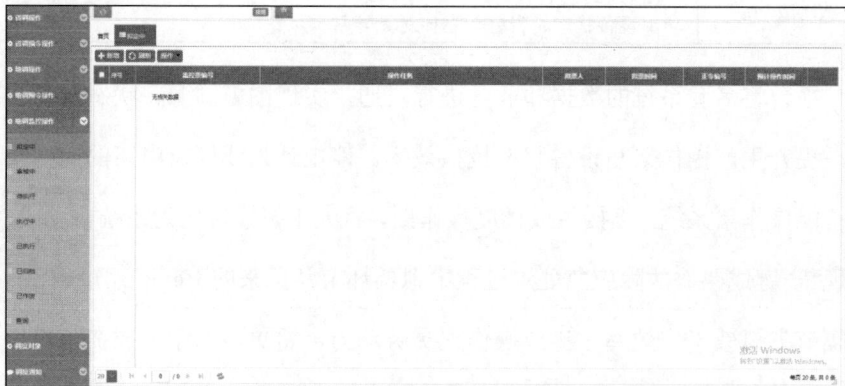

图 3-19 地调操作下拉菜单

（1）拟定中：接收预令后，自动开票或者手动新建生成操作票。手动操作票生成方式为自动套用典型票模板，票面内容包括发预令人、预令时间、接预令人、操作任务、操作步骤。完成拟票后自动推送至"审核"。

（2）审核中：审核人审核，审核无误后在审核栏签名，完成签名后自动推送至"待执行"。

（3）待执行：审核后的操作票发送进入"待执行"环节，根据时间自动推送到"待执行"，并具备返回"审核"环节，审核签名的功能。

（4）已执行：操作票执行完毕后，自动推送至"已执行"，同时可点击查询操作票详细情况。

（5）已归档：已执行的操作票，经过专职审核票面是否合格，合格后，具备归档的功能。

（6）已作废：拟票或者审核的操作票不合格时，具备不合格敲章功能，并推送至已作废。

（7）查询：根据时间段、内容、站名等关键字段可模糊查询所有操作票。

2. 操作票拟票

预令接收后，符合相应规则的指令会自动成票，点击"拟定中"即可进入票面，票面按照时间顺序排列，一般新生成的在最后，如图 3-20 所示。

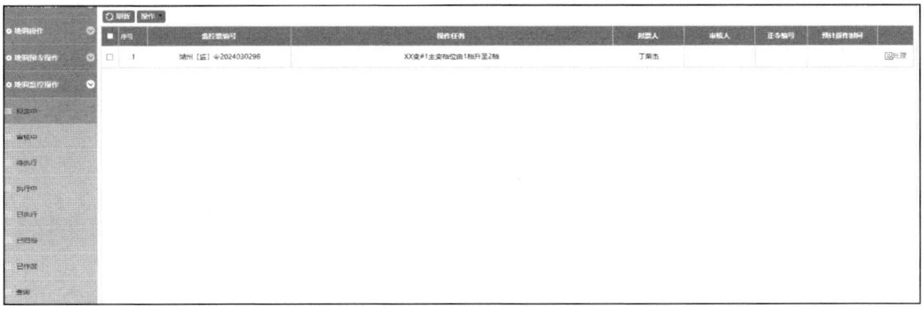

图 3-20　操作票拟定中展示图

若未自动成票，则值班员需自行新增操作票，拟票界面展示如图 3-21 所示，填写操作任务，点击"自动拟票"，进入相应环节自动同步调度操作票数据，无需手写。白色框内支持手动填写，灰色框内为自动生成，无法手动填写。操作票发令人、接收人、预令时间、预计操作时间为必填项，填写完成后发送审核，进入"待审核"环节，发送审核者默认为所有值班员。

图 3-21　值班员拟票界面展示图

3. 操作票审核

拟票人本人无法审核本票，需其他人审核该票后方可进入下一个流程。审核人审核通过后进入"待执行"环节，如图 3-22 所示。

图 3-22　操作票待审核界面展示图

审核通过后，系统将自动发送短信至当日遥控操作到岗到位值班人员，发送内容模板如表 3-2 所示。

表 3-2   预令操作提醒短信自动编制模板

短信发送时间	短信内容
操作票审核通过后	【预令操作提醒】操作任务：××计划操作时间：××年××月××日××：××，请您知悉并执行到岗到位工作要求

4. 调度下正令

若调度未下达发令时间，操作人可直接登录票面，点击"操作人审核"按钮审核票面，然后等待调度下令、确认复诵，此时因操作人已审核，票自动转执行。

若调度已下达发令时间，原本票应自动转执行，但因操作人未审核票面，票停留在待执行，等待操作人审核，发出"操作人信息尚未填写"提示，待操作人审核签名后票自动转执行。

在本票前一步下达发令时间后，系统自动编制短信通知至当日遥控操作到岗到位值班人员。短信模板如表 3-3 所示。

表 3-3   到岗到位短信自动编制模板

短信发送时间	短信内容
本票前一步下达发令时间后	【正令操作提醒】现执行××（操作单位）××（上一步操作任务）操作，即将进行（操作任务）×× 遥控操作，请您做好到岗到位工作准备

在本票前一步下达发令时间后，系统自动生成操作提醒事件告警，短信模板如表 3-4 所示。

表 3-4   遥控操作提醒短信自动编制模板

短信发送时间	短信内容
本票前一步下达发令时间后	【正令操作提醒】现执行××（操作单位）××（上一步操作任务）操作，即将进行（操作任务）×××遥控操作，请您做好遥控操作准备

调度下达正令后，票同步调度指令信息，此时票面会自动同步本次调度操作的下令人、接令人、发令时间、监护人默认为接令人。可从"地调操作"—"执行中"找到相应操作票。

操作人登录系统审核通过，票面自动跳转到执行中。对于执行中的票，系统会进行安全校核，若不符合操作顺序，如上一条调度指令对应的尚未执行完毕，此时打开后续指令对应的票去执行时，系统将弹出不安全操作框，此时无法操作，只能查阅。

5. 操作票执行

执行环节必须严格按照调度指令的操作顺序执行，不符合顺序的操作在页面右侧将会有安全提示，安全提示只能选择退出，不可强制执行。

监护人双击右侧结果一栏即可操作相应指令，选择操作成功或者失败，默认第一步操作时间为操作开始时间，最后一步操作时间为操作结束时间。若换班后登录人需要审核通过票面才能操作，操作开始时间和结束均为自动填写，无法手动修改。

若无法操作或操作终止时，对于无法执行或操作终止的第一步指令时，操作人员需在备注事项一栏填写不执行原因，若上一步操作失败，后续步骤将自动默认全部操作失败。

操作结束后可直接点击操作完毕，进入下一张票执行，待汇报调度后系统会自动将汇报人、汇报时间的信息填入操作票面。

6. 操作票归档

执行完毕后操作票进入已执行环节，等待值班员后续审核合格后归档。值班员审核操作完毕后，点击"合格"即可自动同步对应调度指令的执行状态。如已执行，并加盖相应印章，盖章后票面不可编辑、不可修改，所有人员可在已执行模块查看已执行的操作票。

3.3 缺陷管控

3.3.1 策略及流程

发生缺陷的设备主要分为一次设备和二次设备，一次设备有断路器、隔离开关、避雷器、主变压器、电压互感器、电流互感器等，二次设备有继电保护设备、自动化设备、自动安全装置、站用直流系统、站用交流系统、二次屏等。其类型可以分为异常、一般缺陷、严重缺陷、危急缺陷，规定的处理日期如表 3-5 所示。

表 3-5　　　　　　　　　各类缺陷处理时限

序号	缺陷类型	处理时限
1	危急	24h 以内
2	严重	1 月以内
3	一般	1 年以内
4	异常	根据设备实际情况进行处理

缺陷管控流程分为发现缺陷、填报缺陷、跟踪缺陷、闭环缺陷四大模块，具体流程和相应负责人员如表 3-6 所示。

表 3-6　　　　　　　　各缺陷流程处理人员和单位

序号	当前流程	处理人员	处理单位
1	缺陷登记	巡视人员	变电运维单位
2	班组审核	审核人员	变电运维单位
3	运检专职审核	专职人员	变电运维单位
4	领导审核	生产指挥人员	生产管控机构
5	消缺安排	专职人员	变电检修单位
6	班组消缺	检修人员	变电检修单位
7	缺陷验收	验收人员	变电运维单位

根据管理职责，生产管控机构需要及时确认运维单位所填报的缺陷，并做好后续跟踪，特别是在消缺日期即将到达时，须针对未处理缺陷及时通知相关单位进行处理。各类缺陷（异常）临期时限如表 3-7 所示。

表 3-7　　　　　　　　各类缺陷（异常）临期时限

序号	缺陷类型	临期时限
1	危急	6h
2	严重	7 天

序号	缺陷类型	临期时限
3	一般	30 天
4	异常	根据设备实际情况进行处理

本系统全程跟踪缺陷处置流程，并在缺陷登记、缺陷临期、缺陷到期三个关键节点推送短信提醒对应负责人。短信推送流程如图 3-23 所示。

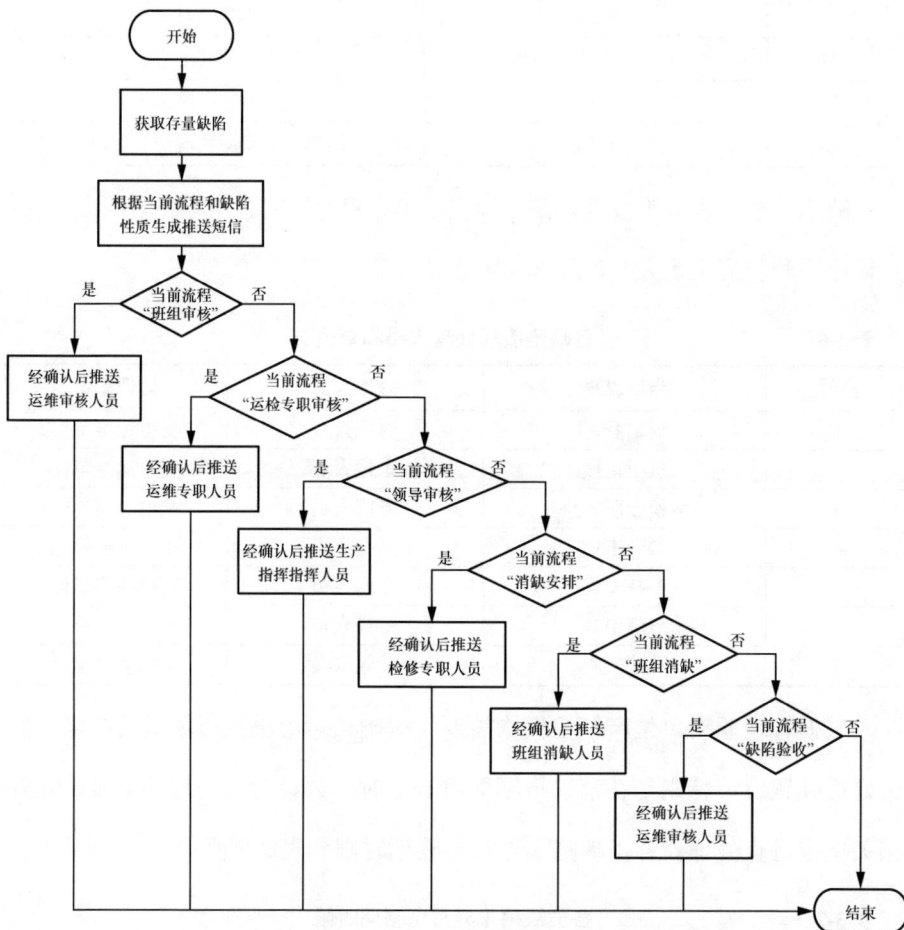

图 3-23　短信推送流程图

缺陷状态处置流程如图 3-24 所示。

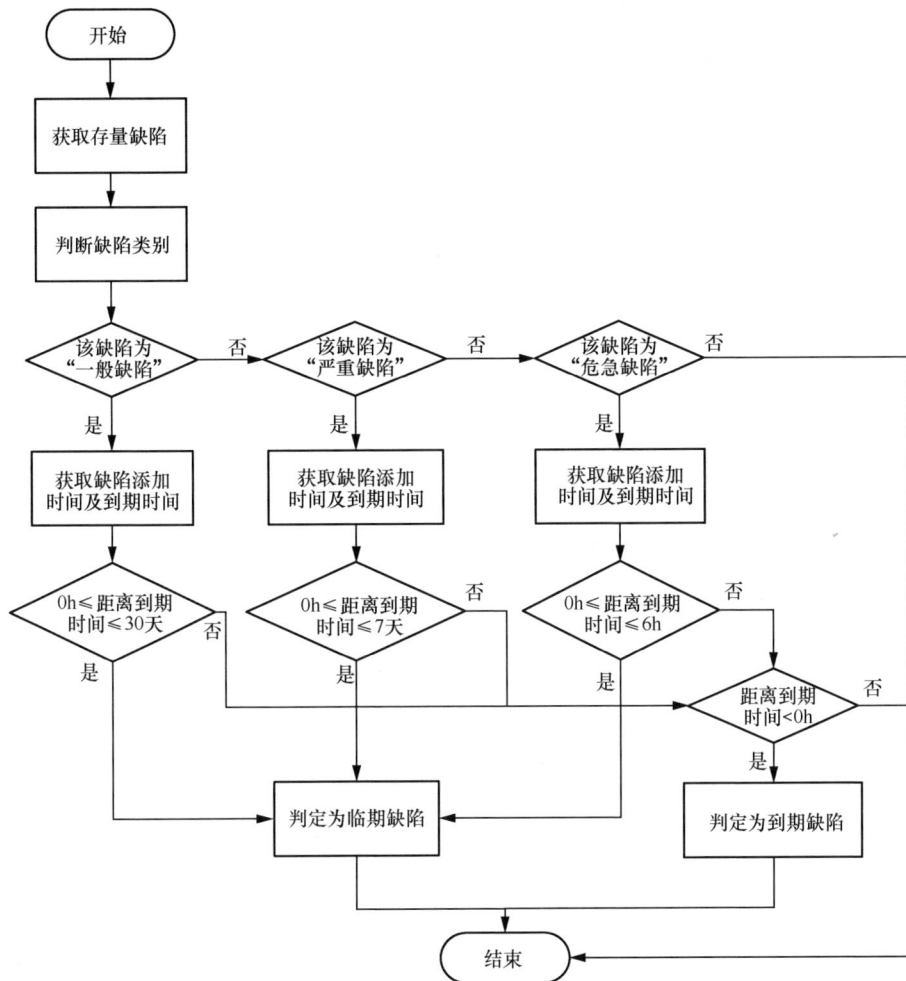

图 3-24　缺陷状态处置流程图

短信发送内容模板如表 3-8 所示。

表 3-8		短信发送内容模板
序号	模板类型	提醒内容
1	新增缺陷	新增缺陷提醒：【发现日期】+【变电站】+【设备名称】+【缺陷内容】，为【缺陷性质】缺陷，当前流程为【当前流程】，处理期限为【处理期限】，请及时安排处理
2	危急缺陷临期提醒	危急缺陷临期提醒：【发现日期】+【变电站】+【设备名称】+【缺陷内容】，此危急缺陷还有 6 小时到期，当前流程为【当前流程】，处理期限为【处理期限】，请及时安排处理

续表

序号	模板类型	提醒内容
3	危急缺陷到期提醒	危急缺陷到期提醒：【发现日期】+【变电站】+【设备名称】+【缺陷内容】，此危急缺陷已到期，当前流程为【当前流程】，处理期限为【处理期限】，请及时安排处理
4	严重缺陷临期提醒	严重缺陷临期提醒：【发现日期】+【变电站】+【设备名称】+【缺陷内容】，此严重缺陷还有 7 日到期，当前流程为【当前流程】，处理期限为【处理期限】，请及时安排处理
5	严重缺陷到期提醒	严重缺陷到期提醒：【发现日期】+【变电站】+【设备名称】+【缺陷内容】，此严重缺陷已到期，当前流程为【当前流程】，处理期限为【处理期限】，请及时安排处理

3.3.2　功能界面及应用

本系统"缺陷查询"模块可全面展示所有设备缺陷，并自动统计各类型缺陷数量。

"缺陷提醒"模块内包含"新增缺陷""临期缺陷""到期缺陷""季度统计"子模块，如图 3-25 所示。可在此界面内将缺陷新增、临期、到期等信息发送给缺陷所处环节相对应的负责人员。

图 3-25　"缺陷提醒"界面

"缺陷提醒配置"模块内，可对短信发送内容、模板进行查看和编辑，如图 3-26 所示，编辑缺陷短信模板如图 3-27 所示。

图 3-26　"缺陷提醒配置"界面

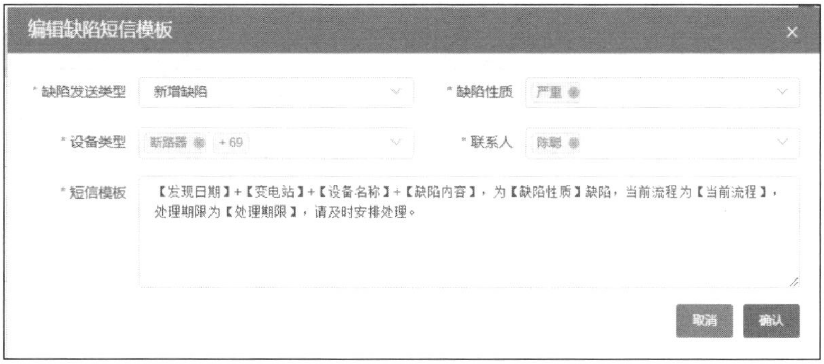

图 3-27　编辑缺陷短信模板界面

3.4　信息收集与发布

3.4.1　策略及流程

设备故障短信自动编制分为输电设备故障（见表 3-9）和变电设备故障（见表 3-10）两类，短信默认由平台发送。两类故障按时间顺序分为三条短信，第一条短信发送时间为故障发生后的 2min 内，第二条短信发送时间为故障发生后的 8min 内，第三条短信发送时间为恢复送电后。

输电设备短信内容主要包含跳闸情况汇报、线路台账、故障录波信息、主变冲击分析、分布式信息、保护信息、现场检查、处置跟踪；变电设备短信内容主要包含跳闸情况汇报、一次设备台账、二次设备台账、故障录波信息、视频检查、保护信息、现场检查、处置跟踪。

表 3-9　　　　　　　　　　　输电设备故障短信自动编制模板

序号	短信发送时间	输电设备故障
1	一次短信 （故障后 2min 内）	【××公司生产管控机构××kV××线跳闸情况汇报】××××年××月××日××时××分××秒，××kV××线××保护动作，开关跳闸，重合成功/失败。 【天气信息】今日天气：晴/雨/…、温度××℃、风向××，风速××m/s。 【现场处置】现场工作或操作为××。已通知变电运维人员赶赴现场检查，已安排输电人员开展线路巡视

序号	短信发送时间	输电设备故障
2	二次短信 （故障后 8min 内）	【××公司生产管控机构××kV××线跳闸情况汇报】××××年××月××日××时××分××秒，××kV××线××保护动作，开关跳闸，重合成功/失败。该设备本月第 N 次、本年第 N 次发生故障跳闸。 【线路台账】××资产，××公司运维。××线为架空/电缆/混合线路，全长×× km，杆塔共××基，投运日期××××年××月××日。××kVA 站至××kVB 站，途径××地区/县。 【故录信息】××相××故障，重合成功/失败。A 变侧测距为××km，定位在#××-#××塔之间，故障电流为××kA。B 变侧测距为××km，定位在#××-#××塔之间，故障电流为××kA。 【保护信息】××线第一/二套××保护动作，保护测距××km，故障电流××kA。 【分布式信息】故障相为××相，位置在××号杆塔和××号杆塔之间，距离××号杆塔大号方向××km，故障杆塔是××号杆塔附近。判断故障性质为××。 【主变冲击分析】#××主变可承受最大短路电流××kA，占比××%； 【雷电信息】故障时段暂未查到落雷信息。 【现场处置】变电运维人员现场检查一二次设备正常，已通知输电人员巡线
3	三次短信 （恢复送电后）	【××公司生产管控机构××kV××线跳闸情况汇报】××××年××月××日××时××分××秒，××kV××线××保护动作，开关跳闸。 【试送电情况】××××年××月××日××时××分××秒，远方试送成功。 【天气信息】今日天气：晴/雨/…、温度××℃、风向××，风速××m/s。 【现场处置】现场工作或操作为××。已通知变电运维人员赶赴现场检查，已通知输电人员开展线路巡视

输电设备相关字段的收集：

（1）线路台账：台账数据取自 PMS、智能运检管控平台、电网资源业务中台。

（2）故录信息：数据取自故障录波系统，测距根据故障录波数据结合台账的档距进行计划故障范围。

（3）主变冲击分析：根据线路限额值，计算公式中电流值取自故障录波系统。

计算方式以 220kV 电压等级变电站为例：

当跳闸线路为 110kV 或 35kV 电压等级，且为单台主变或分列运行（110kV 或 35kV 母分开关分闸状态），则"占比××%"=线路故障电流/跳闸线路所在#×主变 110kV 或 35kV 侧可承受最大短路电流×100%；若为 N 台主变并列运行（110kV 或 35kV 母分开关合闸状态）则"占比××%"= 线路故障电流/跳闸线路所在#×主变 110kV 或 35kV 侧可承受最大短路电流/ N×100%；

假设 2 台主变可承受最大短路电流相同时，则显示#1、#2 主变可承受最大短路电流××kA，占比××%；占比××%计算公式同上。

假设 2 台主变可承受最大短路电流不同且并列运行时，则显示#1 主变可承受最大短路电流××kA，占比××%；#2 主变可承受最大短路电流××kA，占比××%。

其中#1 主变占比××%=线路故障电流/2/跳闸线路所在#1 主变 110kV 或 35kV 侧可承受最大短路电流×100%；

其中#2 主变占比××%=线路故障电流/2/跳闸线路所在#2 主变 110kV 或 35kV 侧可承受最大短路电流×100%；

（4）雷电定位：数据取自雷电定位系统。

（5）分布式信息：数据取自智能运检管控平台。

（6）视频检查：数据取自工业视频系统。

表 3-10　　　　　　　　　　变电设备故障短信自动编制模板

序号	短信发送时间	变电设备故障
1	一次短信（故障后 2min 内）	【××公司生产管控机构××kV××线跳闸情况汇报】××××年××月××日××时××分××秒，××kV××线××保护动作，开关跳闸。 【天气信息】今日天气：××、温度××℃、风向××，风速××。 【现场处置】现场工作或操作为××。已通知变电运维人员赶赴现场检查

续表

序号	短信发送时间	变电设备故障
2	二次短信 （故障后 8min 内）	【××公司生产管控机构××kV××线跳闸情况汇报】×××年××月××日××时××分××秒，××kV××线××保护动作，开关跳闸。 【一次设备台账】××设备：厂家××；型号××；投运日期××年××月××日；上次检修日期××年××月××日。XX设备：厂家××；型号××；投运日期××年××月××日；上次检修日期××年××月××日。 【二次设备台账】××装置：厂家××；型号××；投运日期××年××月××日；上次检修日期××年××月××日。××设备：厂家××；型号××；投运日期××年××月××日；上次检修日期××年××月××日。 【故录信息】××保护动作，故障电流：××kA,故障相别：××相，其他录波相关信息。 【主变冲击分析】#×主变可承受最大短路电流××kA，占比××%; 【工业视频】××变、××变站内间隔视频检查无明显异常/其他异常情况
3	三次短信 （恢复送电后）	【保护信息】××变××保护装置相关动作信息。 【现场检查】变电站及线路等现场检查情况

变电设备相关字段的收集：

（1）一、二次设备台账：台账数据取自 PMS、智能运检管控平台、电网资源业务中台中直接获取，上次检修日期取自管控平台-设备周期管理模块。

（2）故录信息：数据取自故障录波系统。

（3）主变冲击分析:暂不考虑计算。

（4）视频检查：数据取自统一视频系统。

设备异常短信自动编辑如表 3-11 所示。

表 3-11　　　　　　　　　设备异常短信自动编制模板

序号	类型	短信内容
1	异常 （未复归）	【浙江电力】××××年××月××日××时××分××秒，××地区，××变××kV 母联开关控制回路断线动作，告警未复归时长超过 10min。 【设备台账】××kV 母联开关，出厂日期：××××年××月××日，投运日期：××××年××月××日；（该告警信息关联缺陷分类为【危急/严重】）【新一代平台：缺陷通知】
2	越限	【浙江电力】××××年××月××日××时××分××秒，××地区，××变××kVⅡ段母线 C 相电压幅值 越正常下限，限值：19.6kV，越限值：19.594kV，当前已越限超过 2min，当前最新越限值为：19.6kV 【平台：遥测越限事件】

续表

序号	类型	短信内容
3	频发	【浙江电力】××××年××月××日××时××分××秒，××地区，××变××kV#1 主变在线滤油异常；间隔内有效告警频发 7 次，超出间隔频发限值。 【设备台账】××kV 母联开关，出厂日期：××××年××月××日，投运日期：××××年××月××日；（该告警信息关联缺陷分类为【危急/严重】）【新一代平台：缺陷通知】

（1）事件来源：调度技术支持系统。

（2）设备台账：PMS3.0 数据中台。

常见异常事件包括一般异常告警事件、越限告警事件和通道异常事件，流程分别如下。

一般异常告警事件流程如图 3-28 所示，流程依次为开始、通知、通知调度/运维、现场汇报、填报缺陷、上报调度、通知检修、检修汇报、归档。

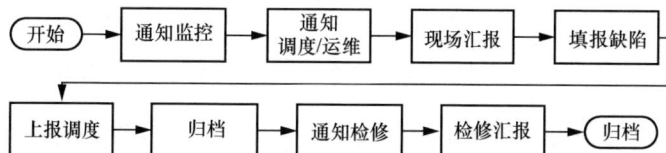

图 3-28　一般异常告警事件流程

越限告警事件流程如图 3-29 所示，流程依次为初始化、值班员已确认、平台处理中、平台已处理、越限状态已结束、归档。

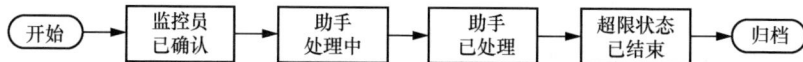

图 3-29　越限告警事件流程

通道异常事件流程如图 3-30 所示，流程依次为开始、事件通知、平台跟踪、处置结果、归档。

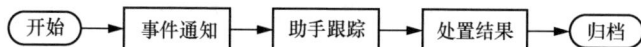

图 3-30　通道异常事件流程

3.4.2 功能界面及应用

1. 短信通知配置

页面路径：智能交互—短信管理—短信通知配置。

页面功能：将预先编制的短信模板根据实际业务情况配置短信发送对象，如电网故障、异常、越限、通道异常等发生时，发送短信通知各专业相关人员。短信通知配置页面如图 3-31 所示。

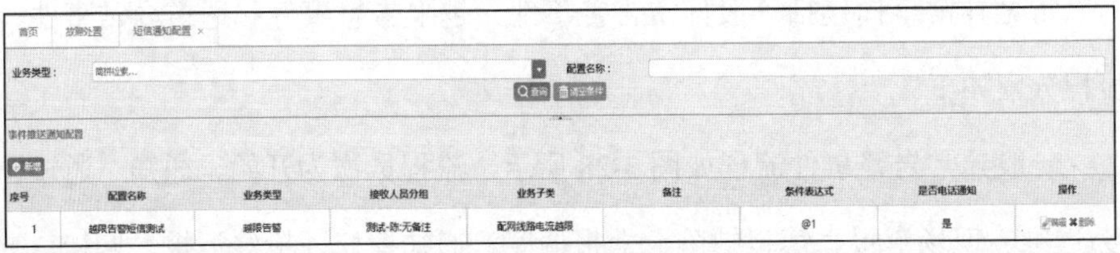

图 3-31　短信通知配置页面

业务类型现包含电网故障、越限告警、电网异常、信息验收、电网异常—复归提醒、越限告警—恢复正常、越限告警—超时未恢复、故障处置流程、设备运行核对、通道异常、遥测跳变、变位异常、智能操作、辅控设备异常告警、智能联调、疑似故障、运行值班 16 类选项。

查询内容包括序号、配置名称、业务类型、接受人员分组、业务子类、备注、条件表达式。

2. 异常事件生成界面

页面路径：设备监视—异常处置。

页面功能：对电网异常事件进行可视化展示，根据当前异常事件对应的事件处理流程进行自动加载。异常处置页面如图 3-32 所示。

（1）事件分类：包含告警未复归、计算结果越限、告警频发、母线遥测越限、通道异常告警等事件。

图 3-32　异常处置页面概览

（2）事件间隔电压等级：包含 220kV、110kV、35kV、10kV 电压等级。

（3）变电站事件数量排行 Top10：统计显示各类异常事件发生量前 10 位的变电站名称。

（4）事件发生趋势：统计显示异常事件跟随日期的变化趋势。

依次选择事件类型、起始时间、厂站、状态进行数据查询，如图 3-33 所示。类型包含疑似故障、电网异常、通道异常、变位异常和越限告警 5 类选项。状态包含归档和未归档 2 类选项。

关联记录页面如图 3-34 所示，可查看短信通知、值班日志、缺陷信息、检修单信息、操作票信息、操作信息、通话记录等内容。

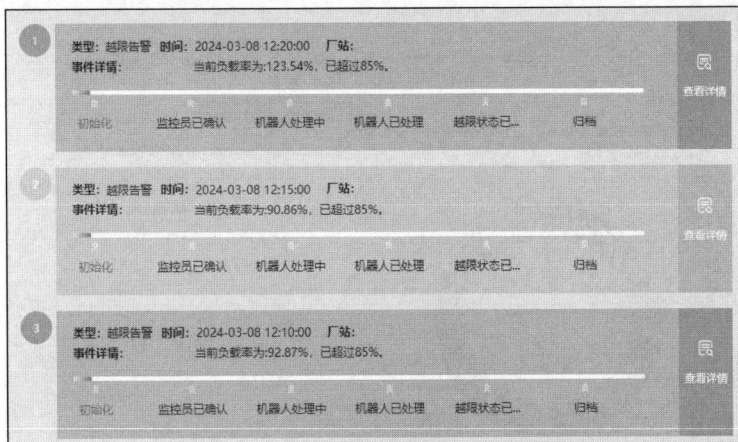

图 3-33　异常处置搜索结果显示

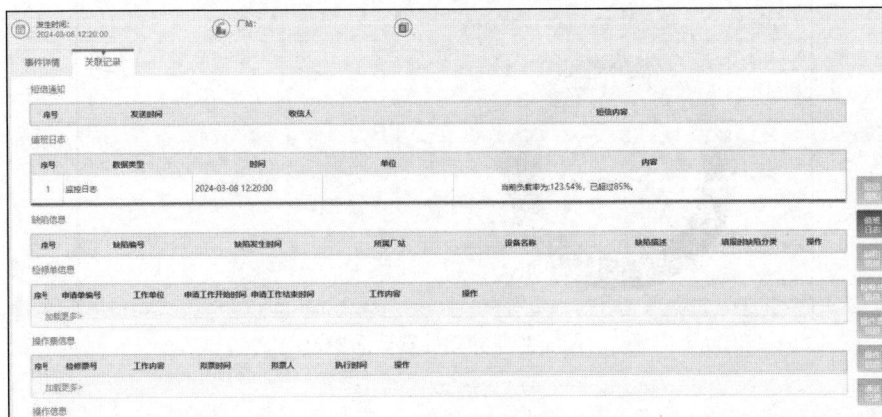

图 3-34　关联记录页面

3.4.3　案例

以××变 220kV 母联开关第二组控制电源消失动作告警未复归事件为例。

20××年 4 月 11 日 16 时 39 分 57 秒，平台监测到××变 220kV 母联开关第二组控制电源消失动作，告警未复归时长超过 10min，20××年 4 月 11 日 16 时 50 分 26 秒，平台发出第一条短信，如图 3-35 所示。

20××年 4 月 11 日 17 时 03 分 03 秒时该信号复归，且在 5min 内未再发生告警。平台发出第二条短信，如图 3-36 所示。

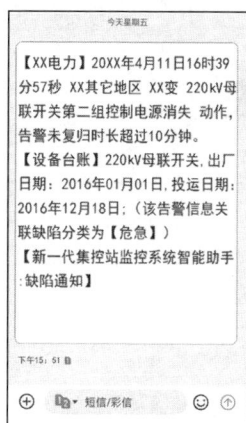

图 3-35　告警未复归事件第一条短信

图 3-36　告警未复归事件第二条短信

第 4 章

统 计 报 表

4.1 生产信息日报

4.1.1 统计内容

页面路径：统计报表—智能统计分析—生产信息日报。

页面功能：该页面可通过选择时间自动生成生产信息日报，内容包含天气预报、生产工作跟踪情况、新设备启动情况、特高压及跨区直流线路负荷情况、设备故障跳闸情况、设备异常告警情况、设备缺陷情况、设备远方遥控操作情况、生产工作情况、今日生产计划、明日生产计划等，并支持 word 导出数据，页面概览如图 4-1 所示。

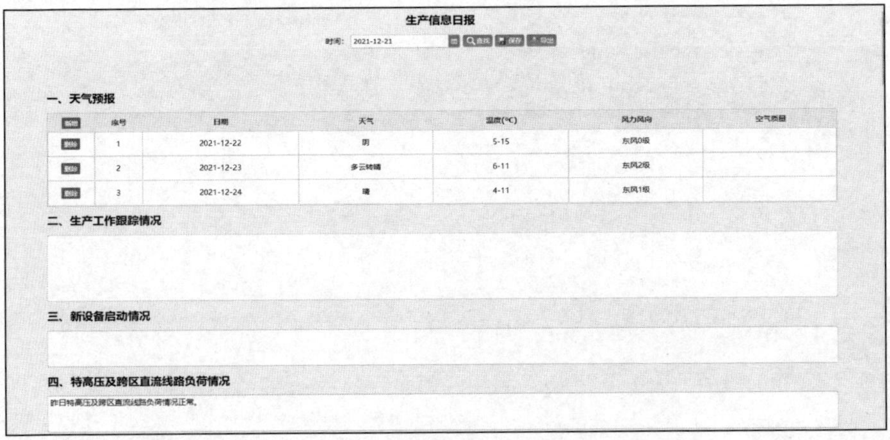

图 4-1　生产信息日报页面概览

4.1.2　功能界面及应用

1. 天气预报

对话框自动生成天气预报，如图 4-2 所示。预报范围为当天至后天，预报内容包含当日的日期、天气、温度（℃）、风力风向、空气质量。

一、天气预报

新增	序号	日期	天气	温度(°C)	风力风向	空气质量
删除	1	2021-12-22	阴	5-15	东风0级	
删除	2	2021-12-23	多云转晴	6-11	东风2级	
删除	3	2021-12-24	晴	4-11	东风1级	

图 4-2　天气预报

2. 特高压及跨区直流线路负荷情况

对话框自动生成当日特高压及跨区直流线路负荷情况，如图 4-3 所示。线路负荷内容包含电压等级、输送限额、最高负荷、最高负荷率和潮流方向。

四、特高压及跨区直流线路负荷情况

昨日特高压及跨区直流线路负荷情况正常。

线路名称											
电压等级	1000kV	1000kV	1000kV	1000kV	1000kV	1000kV	±500kV	±500kV	±500kV	±800kV	±800kV
输送限额(MW)	6000	6000	6000	6000	6000	6000	3000	3000	1200	6400	7200
最高负荷(MW)	-3368	-3378	1520	1510	1094	1121	1034	3	0	2094	/
最高负荷率	56.13%	56.30%	25.33%	25.17%	18.23%	18.68%	34.47%	0.10%	0.00%	32.72%	/

图 4-3　特高压及跨区直流线路负荷情况

3. 设备故障跳闸情况

对话框自动生成当日设备故障跳闸情况，如图 4-4 所示。跳闸内容包含所属单位、变电站、设备名称、电压等级、跳闸事件、故障相别、保护和自动装置动作情况、故障电流（A）、主变抗短路电流百分比、送出时间、故障原因。

4. 设备异常告警情况

对话框自动生成当日设备异常告警情况，如图 4-5 所示。告警内容包含事故、异常信息、越限、变位、确认缺陷、备注。

五、设备故障跳闸情况

12月20日7时 至今晨7时，35千伏及以上输变电设备故障跳闸 0 条次。

新增	序号	所属单位	变电站	设备名称	电压等级	跳闸时间	故障相别	保护和自动装置动作情况	故障电流(A)	主变抗短路电流百分比	送出时间	故障原因
删除	1											

图 4-4　设备故障跳闸情况

六、设备异常告警情况

12月20日7时 至今晨7时，主网集中监控设备告警（不含告知） 941 条次，其中认定缺陷 0 项。

序号	事故	异常信息	越限	变位	确认缺陷	备注
1	27条次	240条次	631条次	43条次	0项	

图 4-5　设备异常告警情况

5. 设备缺陷情况

对话框自动生成当日设备缺陷情况，如图 4-6 所示。

（1）今日严重及以上缺陷：统计显示今日公司输变电设备发生严重及以上缺陷（严重缺陷、危急缺陷）数量。缺陷内容包含变电站/线路、发现时间、缺陷部位、缺陷描述、处理情况、缺陷性质、备注。

（2）完成存量消缺（严重及以上）：统计显示今日完成的公司输变电设备存量缺陷数量。缺陷内容包含变电站/线路、发现日期、处理日期、缺陷描述、缺陷性质、处理过程。

七、设备缺陷情况

1、12月20日7时 至今晨7时，公司输变电设备发生严重及以上缺陷总计 0 项，其中危急缺陷 0 项，严重缺陷 0 项。

新增	序号	变电站/线路	发现时间	缺陷部位	缺陷描述	处理情况	缺陷性质	备注

2、12月20日7时 至今晨7时，公司输变电设备完成存量消缺 2 项。

新增	序号	变电站/线路	发现日期	处理日期	缺陷描述	缺陷性质	处理过程
删除	1		2021-11-28 14:57	2021-12-20 15:31	运维人员巡视发现[illegible]#2主变220kV带电显示器故障。	严重	变电检修人员更换新的带电显示器后缺陷消除。
删除	2		2021-12-19 10:44	2021-12-20 19:00	[illegible]监控远方无法遥调#2主变分接头，变电运维现场检查发现#2主变分接开关机构调档正常，当地监控后台亦无法遥调调档，重启主变断路器控制装置后仍无法调档。	严重	变电检修人员现场检查发现#2主变断路器控制装置电源板故障，更换电源板后恢复正常，缺陷消除。

图 4-6　设备缺陷情况

6. 设备远方遥控操作情况

对话框自动生成当日设备远方遥控操作情况，如图 4-7 所示。遥控操作内容包含设备、操作时间、操作任务、备注。

图 4-7　设备远方遥控操作情况

7. 生产工作情况

对话框自动生成当日生产工作情况，内容包含工作地点、停役时间、复役时间、工作内容、停役设备状态、工作单位、许可时间、结束时间、工作负责人、备注。

8. 今日生产计划

对话框自动生成今日生产计划。

（1）今日计划工作：统计显示今日停役工作、取消工作数量。今日计划工作内容包含工作地点、停役时间、复役时间、工作内容、停役设备状态、工作单位、备注。

（2）延续性停役工作：统计显示延续性停役工作数量。延续性停役工作内容包含工作地点、停役时间、复役时间、工作内容、停役设备状态、工作单位、工作开始时间、工作负责人、备注。

9. 明日生产计划

对话框自动生成明日生产计划。明日生产计划内容包含工作地点、停役时间、复役时间、工作内容、停役设备状态、工作单位、备注。

4.2　生产信息周报

4.2.1　统计内容

页面路径：统计报表—智能统计分析—生产信息周报。

页面功能：该页面通过选择时间自动生成生产信息周报，内容包含天气预报、生产工作跟踪情况、设备故障跳闸情况、设备运行异常情况、设备缺陷情况、设备异常告警情况、设备远方遥控操作情况、检修计划执行情况、电网风险管控等，页面概览如图 4-8 所示。

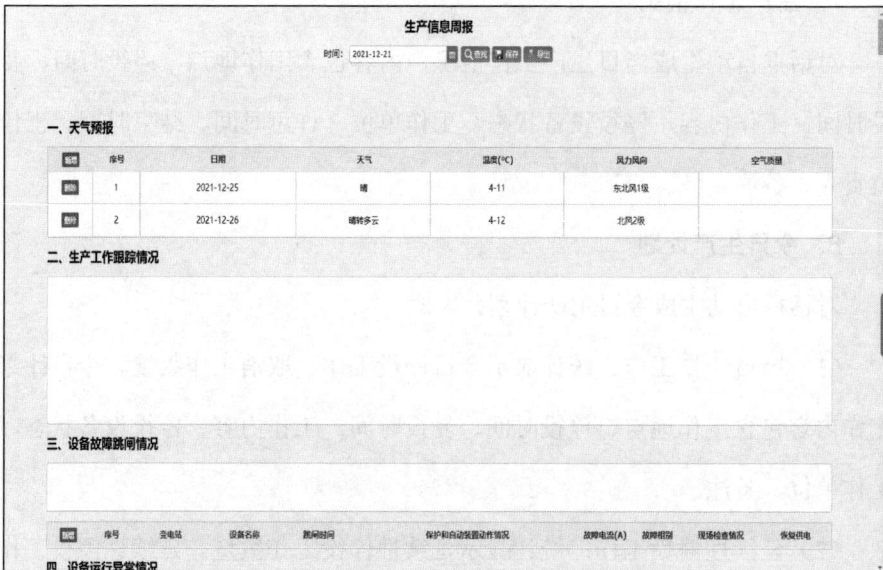

图 4-8 生产信息周报页面概览

4.2.2 功能界面及应用

1. 天气预报

对话框自动生成天气预报，如图 4-9 所示。预报范围为当天至后天，预报内容包含当日的日期、天气、温度（℃）、风力风向、空气质量。

一、天气预报

新增	序号	日期	天气	温度(℃)	风力风向	空气质量
删除	1	2021-12-22	阴	5-15	东风0级	
删除	2	2021-12-23	多云转晴	6-11	东风2级	
删除	3	2021-12-24	晴	4-11	东风1级	

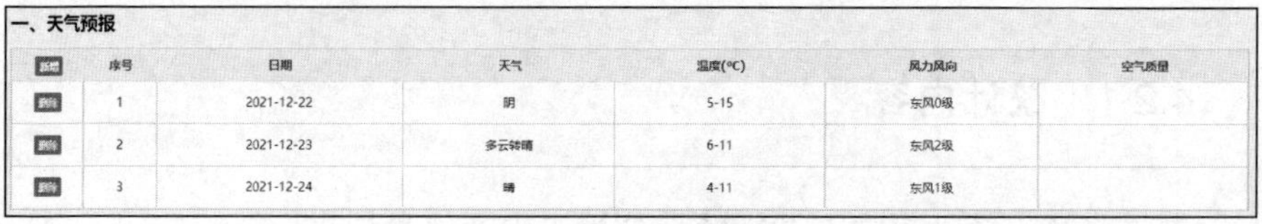

图 4-9 天气预报

2. 设备故障跳闸情况

对话框自动生成一周设备故障跳闸情况，如图 4-10 所示。内容包含所属单位、变电站、设备名称、电压等级、跳闸事件、故障相别、保护和自动装置动作情况、故障电流（A）、主变抗短路电流百分比、送出时间、故障原因。

图 4-10　设备故障跳闸情况

3. 设备缺陷情况

（1）本周新受理缺陷（严重及以上）：本周新受理缺陷对话框如图 4-11 所示，缺陷内容包含序号、变电站/线路、缺陷等级、发现时间、设备名称、缺陷描述、处理情况、备注。

图 4-11　本周新受理缺陷对话框

（2）本周完成存量缺陷（严重及以上）：本周完成存量缺陷对话框如图 4-12 所示，缺陷内容包含序号、变电站/线路、缺陷等级、发现时间、处理时间、设备名称、缺陷描述、处理情况。

图 4-12　本周完成存量缺陷对话框

（3）存量未完成缺陷（严重及以上）：存量未完成缺陷对话框如图 4-13

所示，缺陷内容包含序号、变电站/线路、缺陷等级、发现时间、设备名称、缺陷描述、处理情况、责任单位、是否超期、备注。

2、12月17日7时至12月24日7时完成存量缺陷处理 2 项。								
操作	序号	变电站/线路	缺陷等级	发现时间	处理时间	设备名称	缺陷描述	处理情况
删除	1		严重	2021-11-28 14:57	2021-12-20 15:31	#2主变	主变220kV带电显示器故障。	已处理
删除	2		严重	2021-12-15 11:33	2021-12-21 14:00	#2主变	主变油温2现场1 0℃，当地监控后台161℃	已处理

图 4-13　存量未完成缺陷对话框

4. 设备异常告警情况

（1）告警信号分析：告警信号分析对话框如图 4-14 所示，内容包含事故、异常、越限、变位、告知、确认缺陷、备注。

1、告警信号分析:							
12月17日7时至12月24日7时，主网集中监控设备告警(不含告知) 2745 条次，认定缺陷 0 项。							
序号	事故	异常	越限	变位	告知	确认缺陷	备注
1	67条次	887条次	1693条次	98条次	7170条次	0项	

图 4-14　告警信号分析对话框

（2）主变越限统计：主变越限统计对话框如图 4-15 所示，统计内容包含序号、变电站、主变、油温、负载率、发生时间、最大负载率、最大负载率时间、越限次数、电流/有功/视在、额定值、原因分析。

(1)主变越限统计											
操作	序号	变电站	主变	油温	负载率	发生时间	最大负载率	最大负载率时间	越限次数	电流/有功/视在	额定值	原因分析
删除	1		#1	26.53℃	35.60%	2021-12-20 07:00:00-2021-12-21 07:00:0 0	99%	2021-12-20 08:25:0 0	199	26.98MW	0	
删除	2		#1	27.99℃	36.23%	2021-12-21 07:00:00-2021-12-22 07:00:0 0	97.24%	2021-12-21 09:05:0 0	93	28.12MW	0	
删除	3		#1	23.02℃	31.40%	2021-12-19 07:00:00-2021-12-20 07:00:0 0	87.52%	2021-12-20 00:05:0 0	77	23.20MW	0	
删除	4		#2	26.81℃	37.48%	2021-12-21 07:00:00-2021-12-22 07:00:0 0	96.88%	2021-12-21 08:25:0 0	252	28.11MW	0	
删除	5		#2	21.32℃	31.72%	2021-12-19 07:00:00-2021-12-20 07:00:0 0	87%	2021-12-20 00:40:0 0	121	22.35MW	0	
删除	6		#2	25.32℃	36.00%	2021-12-20 07:00:00-2021-12-21 07:00:0 0	96.54%	2021-12-20 15:55:0 0	581	26.30MW	0	

图 4-15　主变越限统计对话框

（3）线路越限统计：线路越限统计对话框如图 4-16 所示，统计内容包含序号、起止变电站、线路、负载率、发生时间、最大负载率、最大负载率时间、越限次数、电流/有功/视在、额定值、原因分析。

	序号	起止变电站	线路	负载率	发生时间	最大负载率	最大负载率时间	越限次数	电流/有功/视在	额定值	原因分析
详情	1			77.90%	2021-12-20 07:00:00-2021-12-21 07:00:00	82.46%	2021-12-20 14:45:00	10	309.01 A	396.7	
详情	2			75.99%	2021-12-21 07:00:00-2021-12-22 07:00:00	80.07%	2021-12-21 15:55:00	1	301.41 A	396.7	
详情	3			78.37%	2021-12-19 07:00:00-2021-12-20 07:00:00	80.69%	2021-12-20 04:00:00	5	310.87 A	396.7	
详情	4			76.92%	2021-12-21 07:00:00-2021-12-22 07:00:00	82.79%	2021-12-21 13:35:00	8	282.02 A	366.7	
详情	5			76.48%	2021-12-19 07:00:00-2021-12-20 07:00:00	82.02%	2021-12-20 06:30:00	4	280.43 A	366.7	
详情	6			75.69%	2021-12-20 07:00:00-2021-12-21 07:00:00	83.46%	2021-12-20 07:50:00	6	277.55 A	366.7	

图 4-16　线路越限统计对话框

（4）断面越限统计：断面越限统计对话框如图 4-17 所示，统计内容包含序号、变电站、断面、负载率、发生时间、最大负载率、最大负载率时间、越限次数、电流/有功/视在、额定值、原因分析。

	序号	变电站	断面	负载率	发生时间	最大负载率	最大负载率时间	越限次数	电流/有功/视在	额定值	原因分析
详情	1		-	161.51%	2021-12-21 07:00:00-2021-12-22 07:00:00	161.78%	2021-12-21 10:25:00	56	742.94 A	460	
详情	2			91.70%	2021-12-17 07:00:00-2021-12-18 07:00:00	100.85%	2021-12-17 18:55:00	144	222.83 MW	243	
详情	3			83.59%	2021-12-20 07:00:00-2021-12-21 07:00:00	90.86%	2021-12-20 19:25:00	96	203.14 MW	243	
详情	4			91.82%	2021-12-18 07:00:00-2021-12-19 07:00:00	106.21%	2021-12-18 18:05:00	144	223.12 MW	243	
详情	5			85.19%	2021-12-19 07:00:00-2021-12-20 07:00:00	91.44%	2021-12-19 15:35:00	115	207.02 MW	243	
详情	6			158.41%	2021-12-20 07:00:00-2021-12-21 07:00:00	168.58%	2021-12-20 23:05:00	140	728.67 A	460	

图 4-17　断面越限统计对话框

（5）遥控操作统计分析：遥控操作统计分析对话框如图 4-18 所示，分析内容包含系统名称、设备名称、成功次数、遥控成功率、遥控操作不成功原因。

4. 遥控操作统计分析：

系统名称	设备名称	成功次数	遥控成功率	遥控操作不成功原因
AVC系统	容抗器	789	99.87%	2021年12月21日12时34分07秒 35kV#3电 容器开关 控合失败 hzavc1-1 AVC(无别名) AVC(无别名)
AVC系统	主变调档	0		
人工		17	100.00%	

图 4-18　遥控操作统计分析对话框

（6）职责移交情况：职责移交情况对话框如图 4-19 所示，内容包含变电站（设备）、权限下放时间、权限收回时间、控制权下放时间、控制权收回时间、职责移交原因。

	责电站（设备）	监控权 下放时间	监控权 收回时间	控制权 下放时间	控制权 收回时间	职责移交 原因
删除						

图 4-19　职责移交情况对话框

5. 设备远方遥控操作情况

设备远方遥控操作情况对话框如图 4-20 所示，内容包含序号、设备、操作时间、操作任务、备注。

七、设备远方遥控操作情况

12月17日7时至12月24日7时，人工遥控远方操作 17 次，失败 0 次，成功率 100.00 %。

	序号	设备	操作时间	操作任务	备注
删除	1		2021年12月21日14时43分26 秒	开关由热备用改为运行	

图 4-20　设备远方遥控操作情况对话框

6. 检修计划执行情况

检修计划执行情况对话框如图 4-21 所示，内容包含序号、变电站、线路、检修内容、停役设备状态、工作开始时间、工作结束时间、停电天数、完成情况。

八、检修计划执行情况

12月17日7时至12月24日7时，共下达计划停电工作 23 项，截止12月24日7时，完成工作 12 项，进行中 5 项，尚未开展 0 项，本周计划执行率 52.17 %。

	序号	责电站/线路	检修内容	停役设备状态	工作开始时间	工作结束时间	停电天数	完成情况
删除	1		35kV#3电容器间隔手车开关触头调试	35kV#3电容器开关检修、35kV II段母线检修	/	/	1	取消

图 4-21　检修计划执行情况对话框

4.3 专题性报表

4.3.1 系统运行统计

页面路径：统计报表—智能统计分析—系统运行统计。

页面功能：对发生的有效的告警信息、电网事件、设备缺陷等信息进行统计，最终形成值班日志。

1. 统计方式一

首先选择开始时间和结束时间（最小单位 min），在系统运行统计页面点击上方"查找"按钮，可显示该段时间内发生电网各类事件的统计结果，如图 4-22 所示。统计结果内容包含"五类"有效告警信号数、诊断电网事件数、发现设备缺陷数、通知现场人员次数、有效电话次数、发送短信条数、推送值班日志条数及各类告警所占总数的百分比数。

图 4-22 统计方式一

在系统运行统计页面点击上方"导出 word"按钮，可导出如表 4-1 所示报表，包含有效告警信号、电网诊断事件、设备缺陷、全电网发生电网故障次数、推送值班日志、通知处理情况 5 个字段内容。

表 4-1　　　　　　　　　　导出 word 格式报表（方式一）

有效告警信号	诊断电网事件	设备缺陷	全电网发生电网故障次数	推送值班日志	通知处理情况
×条（五类）	×次	×条	×次	×条（其中异常告警×条，占比×%;越限告警×条，占比×%）	通知值班员、现场运维人员分别×、×次

2. 统计方式二

首先选择开始时间和结束时间（最小单位-天），在系统运行统计页面点击上方"查找"按钮，可显示该段时间内发生电网各类事件的统计结果，如图 4-23 所示。统计结果内容包含"五类"有效告警信号数、诊断电网事件数、发现设备缺陷数、通知现场人员次数、有效电话次数、发送短信条数、推送值班日志条数及各类告警所占总数的百分比数。

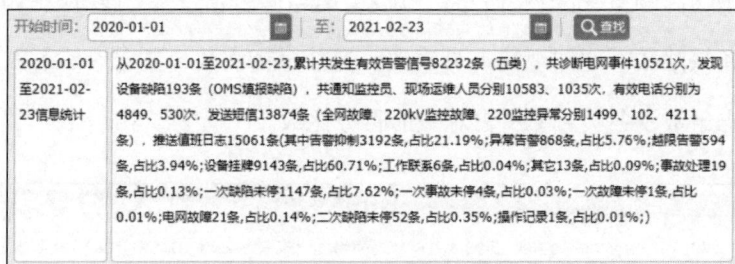

图 4-23　统计方式二

在系统运行统计页面点击下方"导出 word"按钮，可导出如表 4-2 所示报表，包含有效告警信号、电网诊断事件、设备缺陷、全电网发生电网故障次数、推送值班日志、通知处理情况 5 个字段内容。

表 4-2　　　　　　　　　　导出 word 格式报表（方式二）

有效告警信号	诊断电网事件	设备缺陷	全电网发生电网故障次数	推送值班日志	通知处理情况
×条（五类）	×次	×条	×次	×条（其中异常告警×条，占比×%;越限告警×条，占比×%）	通知值班员、现场运维人员分别×、×次

4.3.2 频发告警统计

频发告警统计的功能为统计某个时间段内频发告警的信息，可以通过时间、变电站名称、告警类型、责任区来查找数据，并支持 Excel 表格导出数据，页面概览如图 4-24 所示。

图 4-24 频发告警统计页面概览

1. 条件查询

首先选择查询的起始时间和截止时间，再依次选择告警类型、责任分区、告警总数、告警抑制标记，最后点击"查询"按钮进行条件查询。查询数据字段包含序号、变电站、发生日期、间隔、告警描述、告警等级、告警总数、暂态总数、有效总数、暂态有效总数、无效总数、上个月有效总数，如图 4-25 所示。

（1）告警类型：包含事故、异常、越限、变位、告知，可多选。

（2）责任分区：包含地区、地加配、地加县，可多选。

（3）告警总数：包含≥500、≥200、≥100、≥50、≥20，可任意设置范围。

（4）告警抑制标记：包含正常、暂态两种标记，可多选。

序号	变电站	发生日期	间隔	告警描述	告警等级	告警总数	触态总数	有效总数	触态有效总数	无效总数	上个月有效总数	操作列
1		2021-12-01~2021-12-21		开关线路触地电闸刀	告知	6706	6706	6706	6706	0	10344	查看曲线
2		2021-12-01~2021-12-21	公共信号	220kV故障录波装置启动	告知	1415	527	527	527	888	1144	查看曲线
3		2021-12-01~2021-12-21		#2主变有功不平衡	告知	1208	327	327	327	881		查看曲线
4		2021-12-14~2021-12-14	其它	安防总告警	告知	900	0	0	0	900	467	查看曲线
5		2021-12-01~2021-12-21	中央信号	110kV故障录波装置启动	告知	848	200	200	200	648	596	查看曲线
6		2021-12-01~2021-12-21	公共信号	主变故障录波器启动	告知	580	232	232	232	348	429	查看曲线
7		2021-12-01~2021-12-21		#1主变有功不平衡	告知	561	116	116	116	445		查看曲线

图 4-25　查询数据结果显示

在频发告警统计页面选择图表统计，将显示如图 4-26～图 4-29 所示的统计图，分别是告警总数统计图、变电站告警排名 Top10 统计图、间隔告警排名 Top10 统计图、告警排名 Top10 统计图。

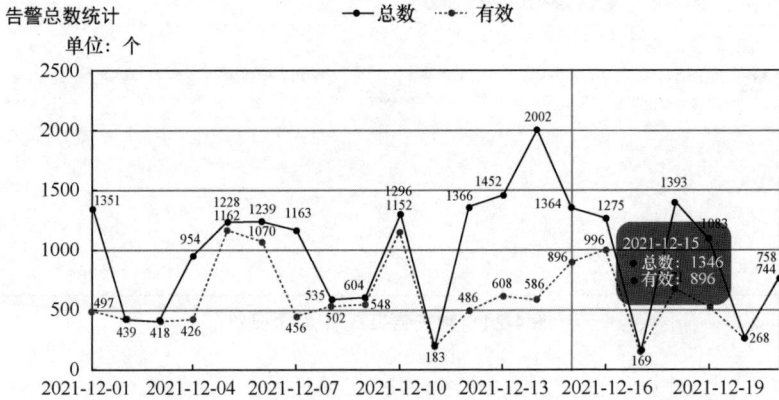

图 4-26　告警总数统计

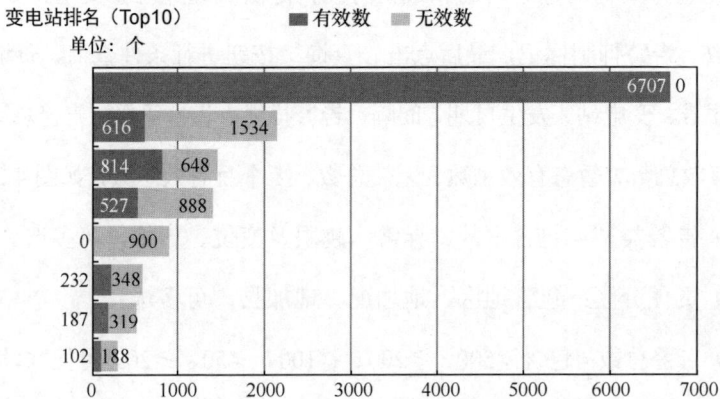

图 4-27　变电站告警排名 Top10

间隔告警排名（Top10）
单位：个

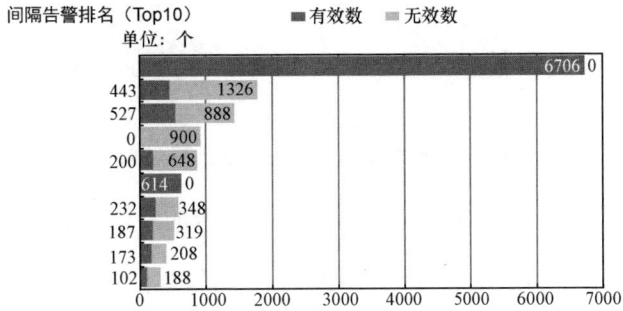

图 4-28　间隔告警排名 Top10

告警排名（Top10）
单位：个

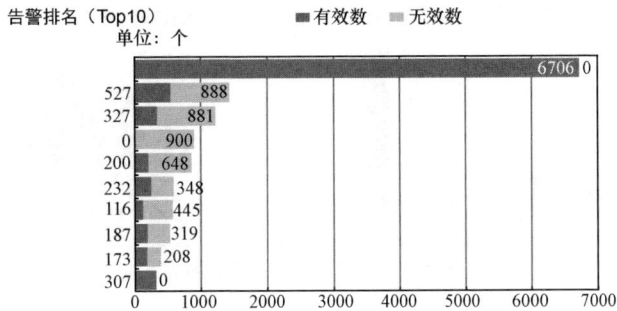

图 4-29　告警排名 Top10

2. 查看曲线

在任一数据结果列点击"查看曲线"按钮，可显示如图 4-30 所示的告警信息统计折线图，该图描述了告警信息在本月不同日期的发生次数。

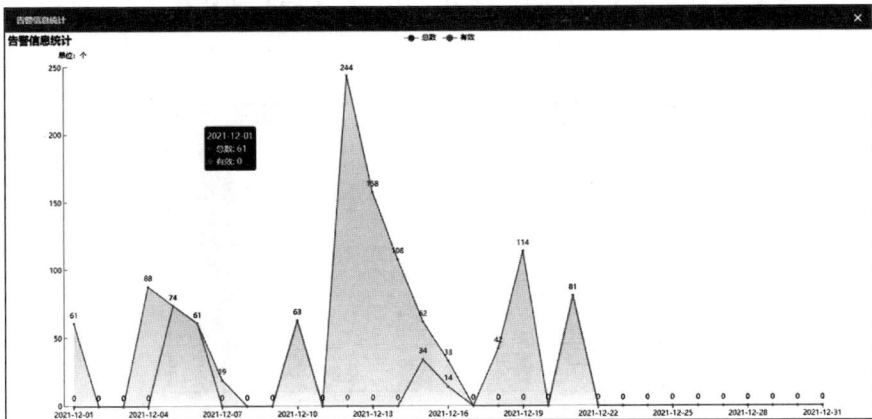

图 4-30　告警信息统计折线图

4.3.3　信息日统计

页面路径：统计报表—智能统计分析—信息日统计。

页面功能：统计某一日内"五类"告警信号的有效次数和无效次数，以及其他事件统计。可以选择查看 24 小时内的告警数据，并通过 Excel 表格的形式导出当月统计、半年统计、年统计的数据,页面概览如图 4-31 所示。

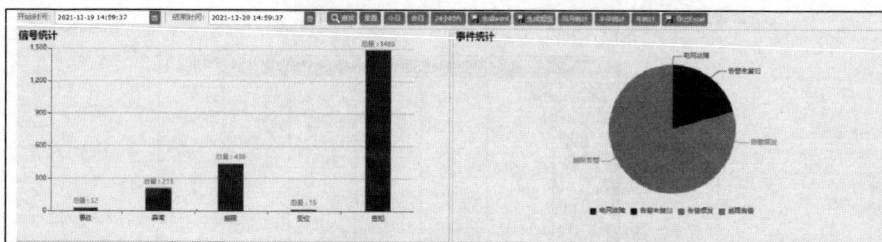

图 4-31　信息日统计页面概览

1．查找

在信息日统计页面首先选择开始时间和结束时间，点击"查找"按钮，即可示该段时间范围内的所有信号统计和事件统计。

（1）信号统计：信号统计以柱状图显示，如图 4-32 所示。该图分别统计"五类"告警信号（事故、异常、越限、变位、告知）的数量。

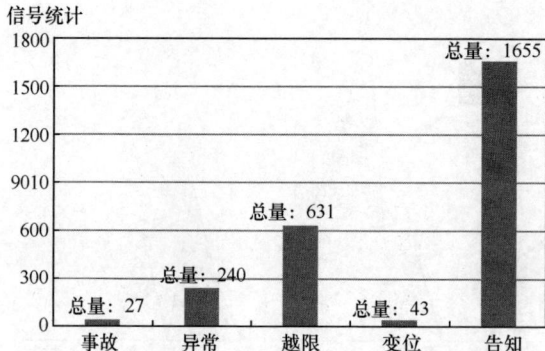

图 4-32　信号统计柱状图

信号统计列表显示字段包含序号、时间、告警类型、变电站、告警内容、是否有效。

（2）事件统计：事件统计以饼图显示，如图 4-33 所示。该图分别统计"四类"电网事件（越限告警、电网故障、告警未复归、告警频发）的数量。

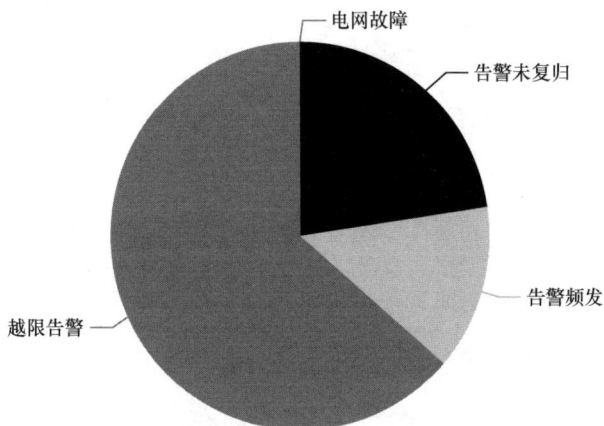

图 4-33　事件统计饼图

事件统计列表显示字段包含序号、时间、类型、变电站、内容。

（3）重置：在信息日统计页面点击"重置"按钮，可重置开始时间和结束时间。

（4）今日：在信息日统计页面点击"今日"按钮，可统计显示发生在今日的信号和事件。

（5）昨日：在信息日统计页面点击"昨日"按钮，可统计显示发生在昨日的信号和事件。

（6）24 小时内：在信息日统计页面点击"24 小时内"按钮，可统计显示发生在 24 小时内的信号和事件。

（7）生成 word：在信息日统计页面点击"生成 word"按钮，可导出如表 4-3 所示报表。

表 4-3 导出 Excel

	事故	异常	越限	变位	告知
数量	×条	×条	×条	×条	×条

	电网故障	告警频发	告警未复归	越限告警
事件条数	×条	×条	×条	×条

2. 生成短信

在信息日统计页面点击"生成短信"按钮，弹出生成短信对话框，该对话框可自动生成发送内容，发送内容如下：

从××××年××月××日××时××分至××××年××月××日××时××分，告警信号数量为×条，具体为事故×条，异常×条，变位×条，越限×条，告知×；共生成×条事件，其中电网故障×条，告警未复归×条，告警频发×条，越限告警×条。

在选择收信人和定时发送时间后，平台可在设定的时间自动将短信发送。

3. 导出 Excel

在信息日统计页面点击"导出 Excel"按钮，可导出如表 4-4 所示的数据内容，包含序号、时间，以及事故、异常、越限、变位、告知、总计的数量。

表 4-4 导出 Excel

序号	时间	事故	异常	越限	变位	告知	总计
1	××××-××-××	×条	×条	×条	×条	×条	×条
2	××××-××-××	×条	×条	×条	×条	×条	×条

4.3.4 重负荷统计

页面路径：统计报表—智能统计分析—重负荷统计。

页面功能：通过时间可以查询出某一天的地调重负荷主变、地调断面、变电站频繁告警的信息统计。

在重负荷统计页面首先选择时间，点击"查找"按钮即可显示当日的重负荷数据，包含地调重负荷主变、地调断面、变电站频发告警信息统计。

（1）地调断面：如表 4-5 所示，地调断面统计表显示内容包含序号、厂站、断面、发生时间、有功功率/电流、限额。

（2）地调重负荷主变：如表 4-6 所示，地调重负荷主变统计表显示内容包含变电站、设备、主变温度（℃）、超 80%、超 90%、超 100%、发生时间、电流（A）、额定值（A）。

（3）变电站频发告警信息统计：如表 4-7 所示，变电站频发告警信息统计表显示内容包含序号、变电站、发生时间（月/日）、频发告警信息名称、当日数量（条）、原因、暂时措施。

表 4-5　　　　　　　　　　地调断面统计表

序号	厂站	断面	发生时间	有功功率/电流	限额
1	××变	×	××××-××-××	×	×
2	××变	×	××××-××-××	×	×

表 4-6　　　　　　　　　　地调重负荷主变统计表

变电所	设备	主变温度（℃）	百分比	发生时间	电流（A）	备注
超 80%						
××变	×××	×℃	×%	××××-××-××	×	×
××变	×××	×℃	×%	××××-××-××	×	×
超 90%						
××变	×××	×℃	×%	××××-××-××	×	×
××变	×××	×℃	×%	××××-××-××	×	×
超 100%						
××变	×××	×℃	×%	××××-××-××	×	×
××变	×××	×℃	×%	××××-××-××	×	×

表 4-7　　　　　　　　　　变电站频发告警信息统计表

序号	变电所	发生时间(月/日)	频繁告警信息名称	当日数量（条）	原因	暂时措施
1	××变	××××-××-××	×××	×	×	×
2	××变	××××-××-××	×××	×	×	×

4.3.5 保信子站报表

页面路径：统计报表—智能统计分析—保信子站报表。

页面功能：该页面可通过时间查询出某一天的保护通信率小于 50%的变电站及相应的缺陷设备，以及录波器通信正常率小于 100%的变电站及相应的缺陷设备，页面概览如图 4-34 所示。

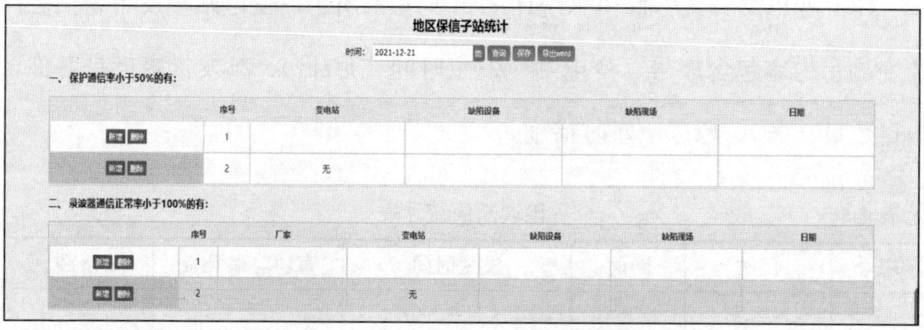

图 4-34　保信子站报表页面概览

1. 查询

在保信子站报表页面首先选择时间，点击"查找"按钮即可显示当日的保信子站和故障录波通信状态统计。

（1）保护通信率小于 50%：保护通信率小于 50%，统计内容包含序号、变电站、缺陷设备、缺陷现场、日期。

（2）录波器通信正常率小于 100%：录波器通信正常率小于 100%，统计内容包含序号、厂家、变电站、缺陷设备、缺陷现场、日期。

2. 导出word

在保信子站报表页面点击"导出 word"按钮，平台以 word 形式导出如表 4-8、表 4-9 所示统计表。

表 4-8　　　　　　　　　　保护通信率小于 50%统计表

序号	变电站	缺陷设备	缺陷现场	发现日期
1	××变	×××	××	××××-××-××
2	××变	×××	××	××××-××-××

表 4-9　　　　　　　　　　录波器通信正常率小于 100%统计表

序号	变电站	缺陷设备	缺陷现场	发现日期	厂家
1	××变	×××	××	××××-××-××	××
2	××变	×××	××	××××-××-××	××

4.3.6　设备负载率统计

页面路径：统计报表—智能统计分析—设备负载率。

页面功能：统计主变和线路的负载率情况，可按照变电站电压等级、设备电压等级、负载率时长、最大负载率、设备类型等条件来查找数据，并且支持以 Excel 表格导出数据，页面概览如图 4-35 所示。

图 4-35　设备负载率页面概览

1. 条件查询

首先选择查询的起始时间和截止时间，再依次选择责任分期、变电站电压等级、设备电压等级、负载率时长（min）、最大负载率（%）、变电站、设备类型，最后点击"查询"按钮进行条件查询。查询数据字段包含序号、变电站、设备名称、有功（MW）、无功（MVar）、电流（A）、最大负载率、额定电流（A）、最大发生时间、持续时间（min）。

（1）责任分区：包含地区、地加配、地加县，可多选。

（2）变电站电压等级：包含 220、110、35kV 电压等级，可多选。

（3）设备电压等级：包含 220、110、35、10kV 电压等级，可多选。

（4）负载率时长（min）：包含≥90、≥80、≥70、≥60、≥50、≥40、≥30、≥20、≥10。

（5）最大负载率（%）：包含≥90、≥80、≥70、≥60、≥50、≥40、≥30、≥20、≥10。

（6）变电站：选择变电站名称，可多选。

（7）设备类型：包含断面、变压器、线路 3 种类型。

2. 查看曲线

在任一数据结果列点击"查看曲线"按钮，可显示如图 4-36 所示的设备负载率曲线。该曲线显示当前设备在 24 小时以内负载率的变化情况，以及对比负载率的变化情况。可通过选择当前日期和对比日期来控制曲线显示的日期范围。

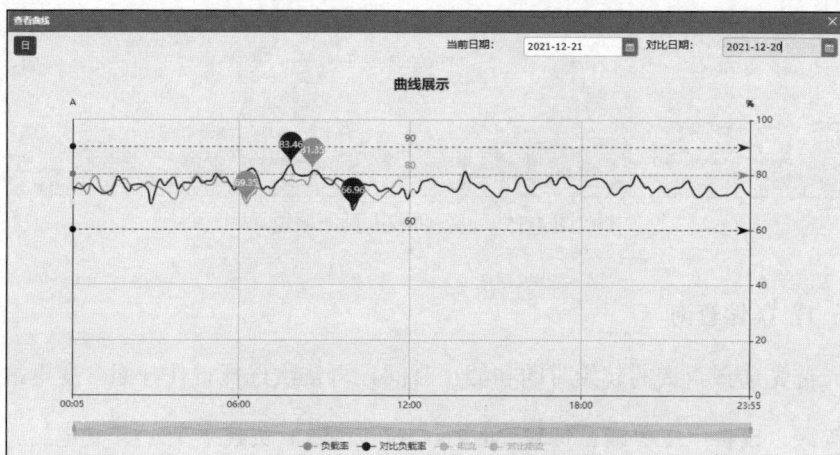

图 4-36 设备负载率曲线

第 5 章

智 能 交 互

5.1 功能及模式

5.1.1 功能介绍

智能交互功能图如图 5-1 所示，共包含以下 8 种功能。

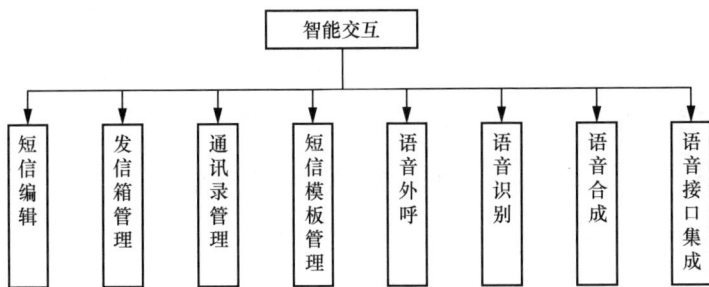

```
                        智能交互
   ┌──────┬──────┬──────┬──────┬──────┬──────┬──────┬──────┐
 短信    发信    通讯    短信    语音    语音    语音    语音
 编辑    箱管    录管    模板    外呼    识别    合成    接口
         理      理      管理                            集成
```

图 5-1　智能交互功能图

1. 短信编辑

支持短信自动编辑，发送给指定人群；支持短信内容过多时，内容重组，逐条发送；支持短信内容手动配置；支持通过短信平台发送信息。

2. 发信箱管理

支持按条件查询已发短信内容；支持短信定期（周期为日、周、月、季、年）发送，用户可添加定期任务短信模板，实现定期将短信内容发送给指定人群。

3. 通讯录管理

支持短信群组配置，支持查看短信群组信息；支持新增、编辑、删除短信群组信息。

4. 短信模板管理

支持用户自定义添加短信模板功能；支持按短信模板自动插入关键信息，并自动完成发送。

5. 语音外呼

支持发起外呼任务、任务过程及任务结果分析功能；支持外呼流程的可视化配置、外呼流程逻辑控制功能；支持外呼报表统计分析功能。

6. 语音识别

支持用户语音信息与文本信息相互转换功能；支持以个性化热词方式进行行业特色词汇的定向提升；支持系统与用户进行智能语音交互。

7. 语音合成

支持将文本内容按业务需求合成语音，并进行播报。

8. 语音接口集成

支持通用的接口集成方法，支持第三方业务通过接口输入外呼任务，接收回复信息功能。

5.1.2 "虚拟坐席"模式介绍

通过搭建智能语音平台，应用语音识别、语义理解及意图识别等人工智能技术、智能多轮人机对话场景，打造"虚拟坐席"，如图 5-2 所示，可以辅助设备业务智能化运转，减轻一线值班员监盘压力，提高工作效率。

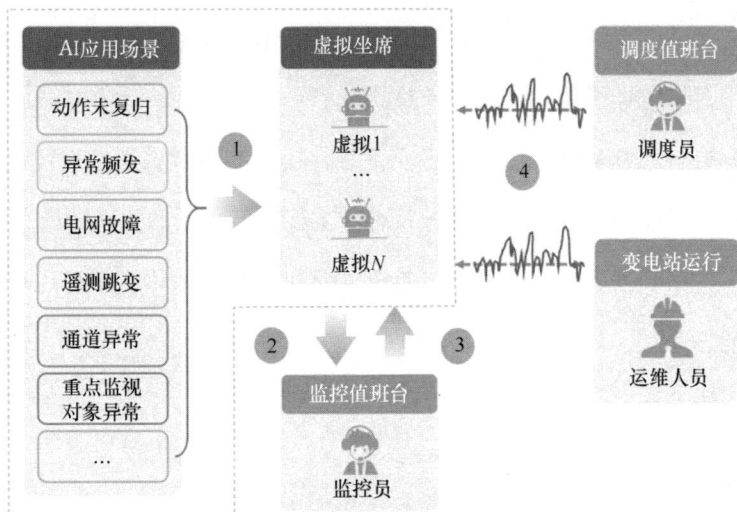

图 5-2　平台"虚拟坐席"模式

"虚拟坐席"利用 AI 技术，将动作未复归、异常频发、电网故障、遥测跳变、通道异常、重点监视对象异常等信号进行综合研判，产生的结果可向监控值班员、调度员及运维人员输出，同时接收上述人员的语音指令，并根据不同的指令提供不同的输出结果。

5.2　语音交互

通过创建基于泛在感知的电网事件化技术，结合人工智能机器自学习算法，主动分析甄别电网异常、故障和量测等关键信息，实现电网异常与故障的关键信息智能推送，通过语音自动通知值班员确认，通知变电运维人员现场检查，自动记录值班日志。

（1）事件智能提醒功能：询问业务自动播报，平台通过理解被叫回复音频完成相应业务处置。

（2）语音电话拨通功能：自动进入提醒、通知环节，系统征求指挥员同意后，根据事件所属变电站、责任分区等信息自动呼叫调度台、集控站中心、变电运维、输电运维等相关工作人员。

（3）语音识别功能：基于语音交互平台提供的语音识别、语音合成、自然语义理解等能力组件，结合话务系统，实现语音电话的实时转译。

（4）文字转换功能：能够通过输入文字指令转换成语音信息进行命令与提示功能。

平台语音交互流程如图 5-3 所示。

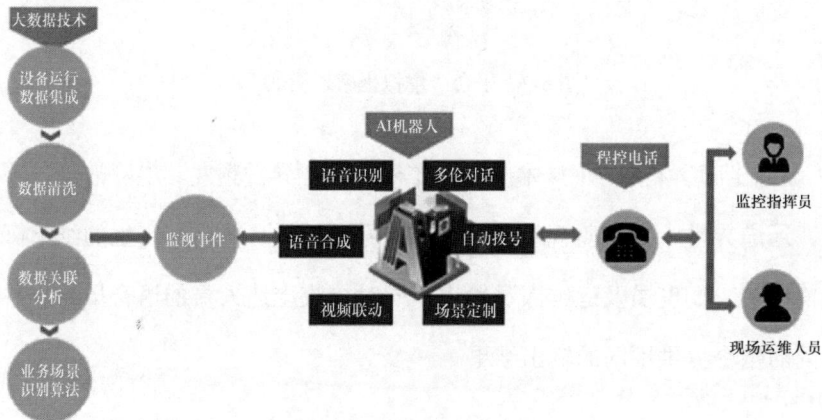

图 5-3　平台语音交互流程图

5.3　短信交互

5.3.1　策略及流程

（1）分级策略提醒：包含全天、白天值班、夜间值班 3 类选项。

（2）编辑事件推送配置：在查询到的数据结果列点击"编辑"按钮，在该对话框中可完成对已有事件推送配置的再编辑，包含配置名称、关联业务类型、接收人员分组、业务子类、条件表达式、备注、分级提醒策略、关联短信模板、配置类型、权限推送配置参数。

1）短信编辑功能：用户编辑短信，发送给指定的人；可将文件内容以短信形式发送给指定手机用户或者群组；手机用户可以是多个，多个手机用户之间用";"隔开；每条短信内容长度需限定，内容长度可以手动配置；当短信内容过多时，支持内容重组，逐条发送。

2）短信自动发送功能：定时发送可以定时、定期发送短信。

3）定时发送短信功能：在短信管理平台新增定时发送短信功能，用户可新增短信，在特定的某个时间发送给用户。

4）定期任务短信功能：定期任务短信可以定期（周期为日、周、月、季、年）发送短信，用户添加定期任务短信模板，就可以定期将短信内容发送给指定用户。短信内容可以直接发送内容，也可以根据查询语句匹配相应的短信内容发送给指定用户。

5）分页查看功能：界面支持分页查看每条已发短信的内容及定时接收发送短信的回执状态。

6）条件查询功能：用户可以根据查询条件查询想要查看的短信信息。

7）短信删除功能：工作人员可以删除相应的已发短信信息。

8）收件箱：可以查看到用户向短信管理平台发送的短信信息，用户可以根据查询条件，如发送时间、收信人或班组、短信内容模糊匹配，查询到想要查看到的短信信息。

9）用户组展示功能：通讯录以树结构展示通讯录用户组，点击用户组可以查看到用户组里的人员信息，并且可以新增、编辑、删除该组人员信息；同时也可以根据查询条件查询想要查看的用户信息。

10）分组人员维护功能：分组人员维护模块是为了将通讯录信息进行分组管理，分为公共联系人和私有联系人，在公共联系人和私有联系人里可以新增用户组，可以将通讯录中的人员信息添加至对应的用户组里。

11）模板管理功能：用户添加短信模板，可以使用户在发送短信时直接将短信模板内容插入到发送短信内容中去。模板分公有和私有，在写短信模块里用户可以查看自己的私有模板和所有的公有模板。

（3）在短信通知配置页面首先选择业务类型，再填写配置名称，点击"查询"按钮，即可实现短信通知配置的查询。

业务类型包含电网故障、越限告警、电网异常、信息验收、电网异常-复归提醒、越限告警-恢复正常、越限告警-超时未恢复、故障处置流程、设备运行核对、通道异常、遥测跳变、变位异常、智能操作、辅控设备异常告警、智能联调、疑似故障、运行值班 16 类选项。

查询内容包含序号、配置名称、业务类型、接受人员分组、业务子类、备注、条件表达式。

5.3.2　功能界面及应用

1. 历史短信查询

可通过短信类型、短信内容、手机号、接收人等信息查找到历史短信。

首先选择查询条件，然后点击"查询"按钮进行数据查询，对已发送的短信进行展示，如图 5-4 所示。查询条件包括发送时间-开始、发送时间-结束、短信类型名称、短信内容、手机号、接收人等。查询结果字段包含发送时间、短信类型名称、接收人、短信内容、手机号。

2. 短信交互平台通讯录管理

短信交互平台通讯录管理即维护用户联系方式，用于短信发送时获取相关收信人的号码信息，可以添加和删除用户。

在通讯录页面填写姓名或者手机号，点击"查询"按钮，可查询指定人员通信信息，包括该人员的姓名、手机号、短号、备注。

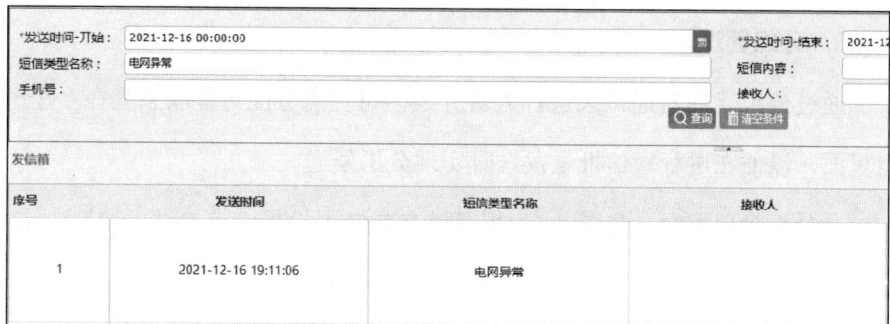

图 5-4　已发送短信页面概览

在通讯录页面点击"新增"按钮，弹出所示对话框（见图 5-5），首先选择新增通讯人员的所属部门，再填写新增通讯人员的姓名、电话号码、短号、关联系统用户、排序和备注，点击"保存"按钮后完成对通讯人员的新增。

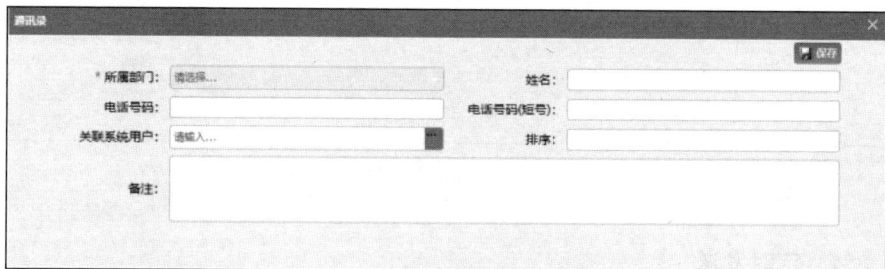

图 5-5　新增对话框

首先选择需要导入通讯人员的部门，再在通讯录页面点击"Excel 导入"按钮，再在对话框中点击"选择文件"上传 Excel，即可完对多个通讯人员信息的一次性导入。导入格式如表 5-1 所示。

表 5-1　　　　　　　　　　　Excel 导入格式

xh	name	phone	remark
1	张三	12345	××单位
2	李四	12345	××单位

3. 分组管理

通过分组管理对通讯录进行人员分组，可任意分配每位联系人在多个分组里面，以便在进行短信批量发送时实现分组发送。

在分组管理页面（见图 5-6）填写姓名或者手机号，点击"查询"按钮，可查询指定人员分组信息，包括该人员的分组名、姓名、手机号。

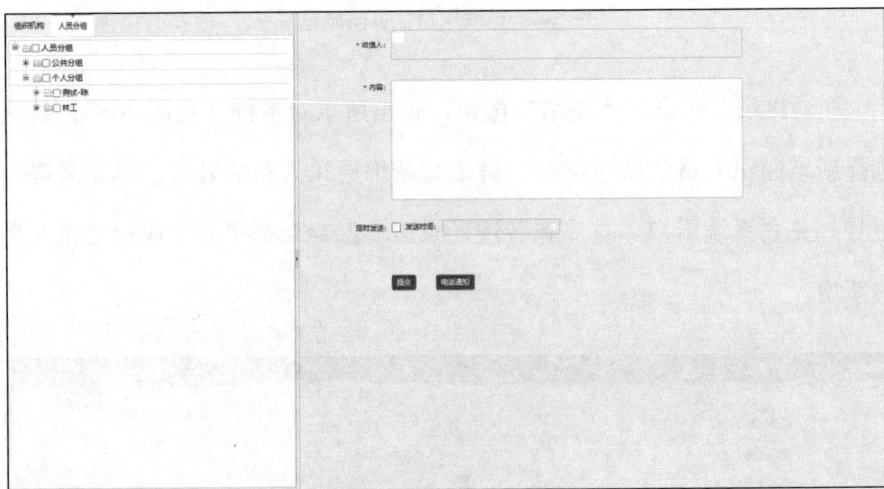

图 5-6 分组管理页面概览

4. 定时发送

实现短信内容的编制、发送人员的选项，通过设定定时发送时间将短信发送给相应的人员。

在如图 5-6 所示页面中，从左侧的组织机构或人员分组中找到需要发送的短信的部门或人员，通过单击左侧人员信息树，实现右侧收信人的添加与删除。也可以单击收信人框内的空白处直接输入手机号或姓名选择需要发送的人员。

5. 待发送短信管理

对需要发送但还未发送的短信进行定时发送管理，在用户对短信内容核对无误之后可以指定时间进行短信发送，同时具备对短信的内容及发送人员进行修改的功能。

在图 5-7 所示的待发送短信页面填写短信发送的起始时间、发送人、发送内容，点击"查询"按钮，可查已发送、待发送和撤销发送的短信，每条数据包含该短信的编辑时间、发送人、短信内容、收信人、定时发送时间、发送状态。在查询结果数据列选中一条数据，点击"立即发送"按钮，可将该条待发送短信立即发送，该条短信状态由"待发送"转变为"已发送"。

根据实际业务情况来配置短信发送对象，如电网故障、异常、越限、通道异常等发生时，发送短信通知各专业相关人员。

图 5-7　待发送短信页面概览

5.3.3　案例

平台每日在预定时间自动推送生产信息至相关专业管理人员，内容如下：

【平台生产信息每日推送】

一、设备运行情况：2022 年 4 月 10 日 8 时至今日 8 时，公司主网输变电设备运行正常。

1．未发生 35kV 及以上输变电设备跳闸。

2．未发生严重及以上缺陷。

二、今日重点工作：220kV××变#1 主变启动

今日天气阴，气温 14～25℃，东北风 1-2 级，空气质量优。

5.3.4 策略及流程

（1）支持主副设备信息、设备状态、设备台账综合展示，可依据主设备信息依次查询相关辅助设备信息；支持 SCADA（数据采集与监视控制系统）实时告警未复归、未确认、已修复信息统计、导出功能及查看详细内容；支持辅控设备告警信息查询、统计功能，并可查看详细内容；支持告警信息折线图、柱形图、条状图、饼图多种展示分析方式。

（2）支持对检修计划状态（未开工、操作、未完结、已完结）数据实时更新，支持信息统计、导出功能，可查看相关统计指标清单数据及详情。

（3）重要数据（AVC 系统，即自动电压无功控制系统，包括月度主变调档动作次数、小电流接地动作、油泵启动打压情况）工业视频巡检在线情况展示。

（4）自动显示电网越限、事故异常通知，接收来自值班员的文字、语音查询指令，将查询结果展示在窗口或以语音的方式发出提醒。

5.3.5 功能界面及应用

1. 电网异常通知

文本交互窗口实时展示各类电网越限、事故异常通知，如表 5-2 所示。

表 5-2　　　　　　　　　　　文本交互通知模板

序号	通知类型	通知模板
1	越限通知	【电网异常通知】××变 35kV Ⅰ 段母线线电压幅值（ab）越正常上限，限值：35.45kV，越限值：35.469kV，当前已越限超过 2min，当前最新越限值为：35.46kV（该告警信息关联缺陷分类为【严重】）
2	事故异常通知	【电网异常通知】××变 110kV 备自投装置异常动作，告警未复归时长超过 10min（该告警信息关联缺陷分类为【危急】）

2. 查询线路台账

文本交互窗口可实现查询线路台账的功能，在输入框填写"查询××线台账"，然后点击回车按键，线路台账自动显示，显示内容如表 5-3 所示。

表 5-3   文本交互查询线路台账

功能	查询指令	显示内容
查询线路台账	查询××线台账	××线，省公司资产，湖州城区，线路全长 15.53km，共 50.0 基杆塔，投运日期××××年××月××日，该线路从含山变至长超变，途径××地区/县。××××年××月××日投产；××××年××月××日，12#塔改造。××××年××月××日全线更换复合绝缘子。(1#-6#塔右线与山超 4445 线 1#-6#塔同塔架设)

3. 查询线路同杆架设情况

文本交互窗口可实现查询线路同杆架设情况的功能，在输入框填写"查询××线同杆架设情况"，然后点击回车按键，线路同杆架设情况自动显示，显示内容如表 5-4 所示。

表 5-4   文本交互查询线路同杆架设情况

功能	查询指令	内容模板
查询线路同杆架设情况	查询××线同杆架设情况	××线××××年××月××日投产；××××年××月××日，12#塔改造。××××年××月××日，全线更换复合绝缘子。(1#-6#塔右线与××线 1#-6#塔同塔架设)

4. 查询今日计划

文本交互窗口可实现查询今日计划的功能，如表 5-5 所示，在输入框填写"查询今日计划"，然后点击回车按键，平台将自动跳转至今日计划页面。该页面可查询计划的工作地点、停役时间、复役时间、工作内容、停役设备状态、工作单位、工作开始时间、工作结束时间、工作负责人、备注。

表 5-5   文本交互查询今日计划

功能	查询指令	内容模板
查询今日计划	查询今日计划	页面跳转至今日计划

5. 查询设备台账

文本交互窗口可实现查询设备台账的功能，在输入框填写"查询××变#1主变"，然后点击回车按键，线路台账自动显示，显示内容如表 5-6 所示。

表 5-6　　　　　　　　　　　　文本交互查询设备台账

功能	查询指令	内容模板
查询设备台账	查询××变#1主变	【设备台账】#1主变，设备型号为SSZ10-180000/220，厂家为常州东芝变压器有限公司，投运日期××××-××-××，上次检修日期××××年××月××日

6. 打开今日操作

文本交互窗口可实现查询今日操作的功能，如表 5-7 所示，在输入框填写"查询今日操作"，然后点击回车按键，平台将自动跳转至今日操作页面。该页面可查询操作的编号、工作内容、拟票时间、拟票人、开始时间等。

表 5-7　　　　　　　　　　　　文本交互打开今日操作

功能	查询指令	内容模板
打开今日操作	打开今日操作	页面跳转至今日操作

7. 打开今日检修

文本交互窗口可实现打开今日检修的功能，在输入框填写"打开今日检修"，然后点击回车按键，平台将自动跳转至今日检修页面。该页面可查询检修的申请编号、工作单位、工作内容、批复开始时间、批复结束时间、开工时间、结束时间等。

文本交互窗口打开今日检修案例如图 5-8 所示。

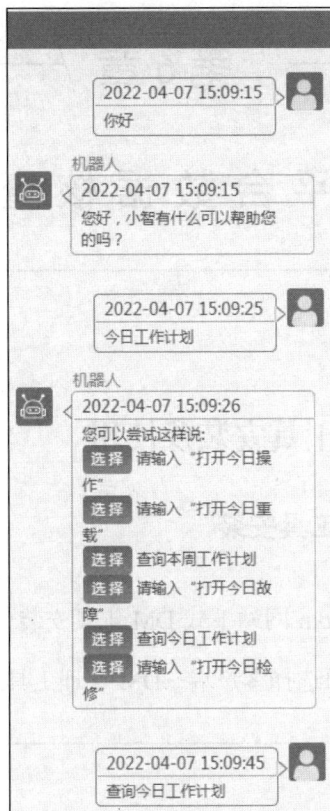

图 5-8 文本交互打开今日检修

第 6 章

平 台 数 据 核 查

6.1 DM 管理工具安装及使用

6.1.1 DM 管理工具安装

登录 www.dameng.com 网站下载 DM 工具安装包，双击安装包后开启安装程序，在如图 6-1 页面选择客户端—DM 管理工具进行安装即可。

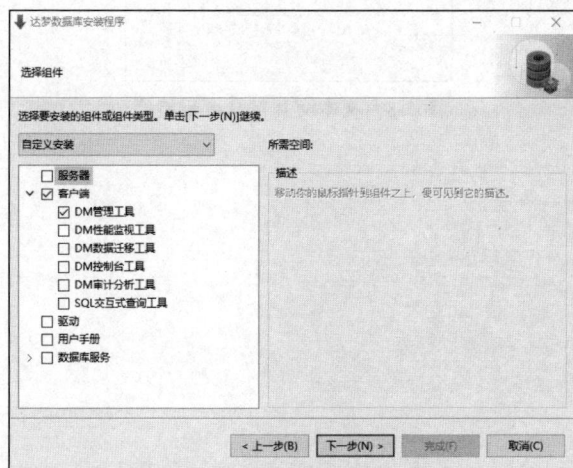

图 6-1 DM 管理工具安装

6.1.2 DM 管理工具使用

登录 DM 工具后，需依次输入主机名、端口、验证方式、用户名、口令，后点击"确定"按钮实现登录，如图 6-2 所示。

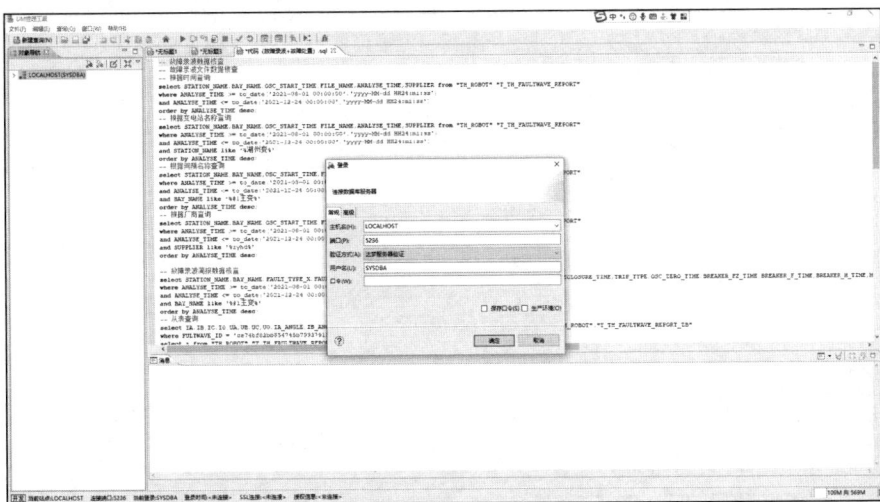

图 6-2　DM 管理工具登录

右键点击任一字段表，选择"属性"进入如图 6-3 所示字段说明，通过选择"DDL"可查看该数据表各字段说明。

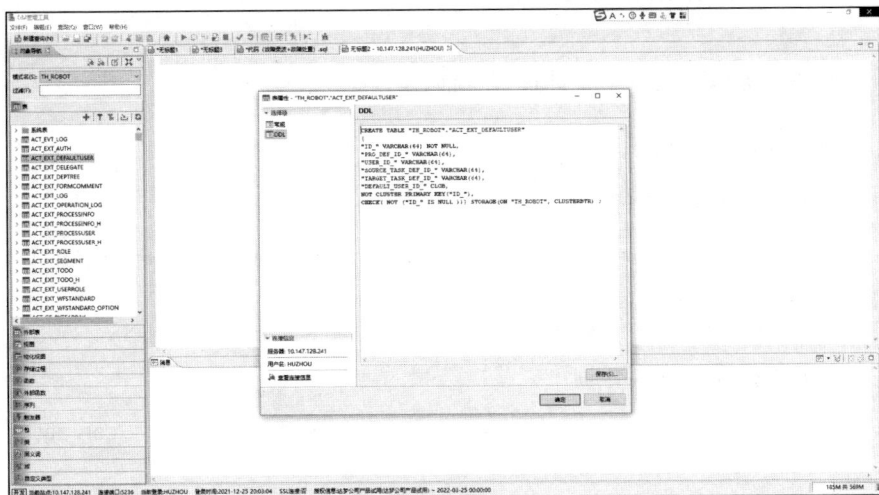

图 6-3　DM 管理工具查看表字段说明

点击"文件"新建查询，在查询框中填写 SQL 语句，点击"查询"执行，即可查询相关数据，如图 6-4 所示。

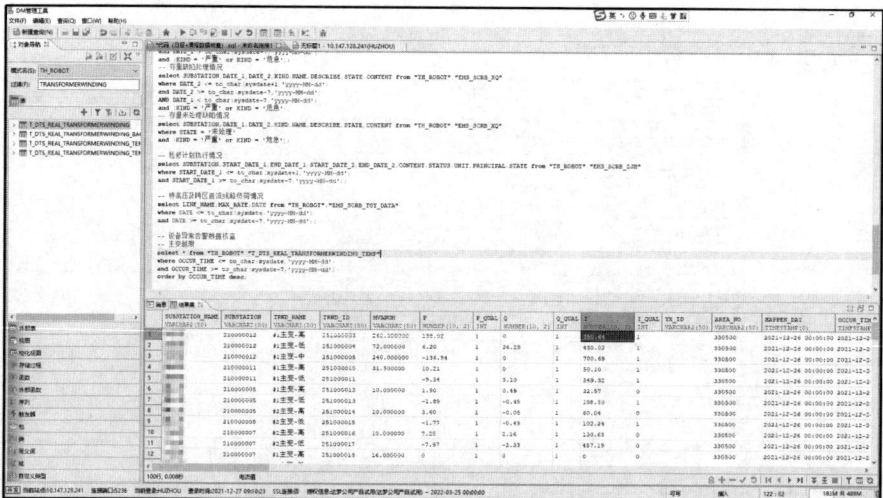

图 6-4 DM 管理工具实现查询

6.2 首页数据核查

6.2.1 操作票数据查询

操作票数据可按以下条件进行查询。

（1）操作任务查询。

（2）根据流转状态查询：

```
select SHR,NPSJ,BH,SHSJ,STARTDATE,CZRW from "TH_ROBOT"."T_CZP_ZB"
where CARDSTATES = 0
order by STARTDATE desc;
```

（3）根据操作内容查询：

```
select SHR,NPSJ,BH,SHSJ,STARTDATE,CZRW from "TH_ROBOT"."T_CZP_ZB"
where CZNR like '%XXX%'
order by STARTDATE desc;
```

（4）根据拟票人查询：

```
select SHR,NPSJ,BH,SHSJ,STARTDATE,CZRW from "TH_ROBOT"."T_CZP_ZB"
```

```
where NPRNAME like '%XXX%'
order by STARTDATE desc;
```

（5）根据审核人查询：

```
select SHR,NPSJ,BH,SHSJ,STARTDATE,CZRW from "TH_ROBOT"."T_CZP_ZB"
where SHR like '%XXX%'
order by STARTDATE desc;
```

（6）根据审核时间查询：

```
select SHR,NPSJ,BH,SHSJ,STARTDATE,CZRW from "TH_ROBOT"."T_CZP_ZB"
where SHSJ >= to_date('2021-08-01 00:00:00','yyyy-MM-dd HH24:mi:ss')
and SHSJ <= to_date('2021-08-01 00:00:00','yyyy-MM-dd HH24:mi:ss')
order by STARTDATE desc;
```

（7）操作票明细查询（见图 6-5）：

```
select * from "TH_ROBOT"."T_CZP_MX"
where F_ZBID = '40100220211208918096263780499457594739'
order by YLSJ desc;
```

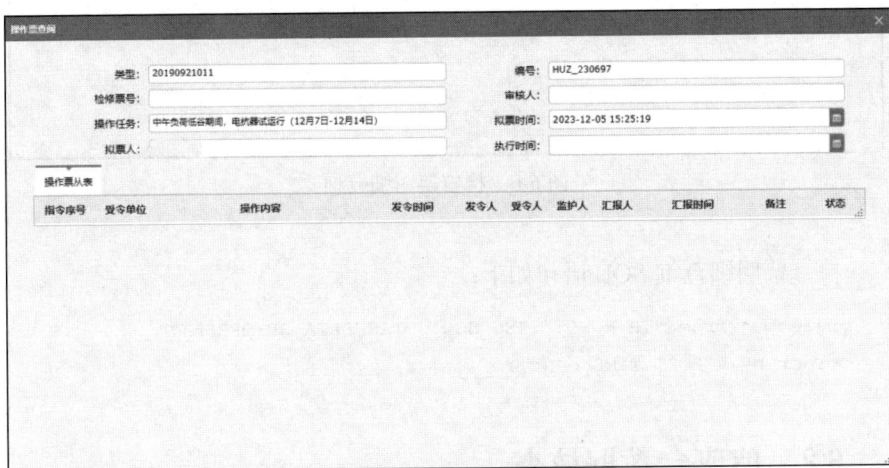

图 6-5　操作票明细查询

6.2.2　检修票数据查询

6.2.2.1　检修票任务查询

检修票任务查询 SQL 语句如下：

```
select
APPLI_NUM,MAINT_UNIT,WORK_CONTENT,APPLY_START,APPLY_END,APPR
OV_START,APPROV_END from
"TH_ROBOT"."SG_SCH_OUTAGEDATA_BEFOREDAY"
order by REPORT_TIME desc;
```

6.2.2.2　检修票明细查询

查修票明细查询如图 6-6 所示。

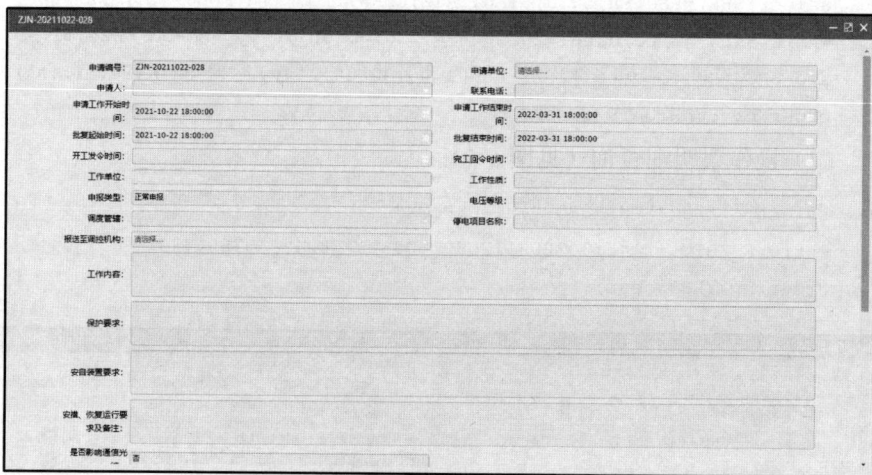

图 6-6　检修票明细查询

检修票明细查询 SQL 语句如下：

```
select * from "TH_ROBOT"."SG_SCH_OUTAGEDATA_BEFOREDAY"
order by REPORT_TIME desc;
```

6.3　值班台数据核查

6.3.1　主设备告警

1. 事故

【事故查询】页面如图 6-7 所示，可按以下条件查询：

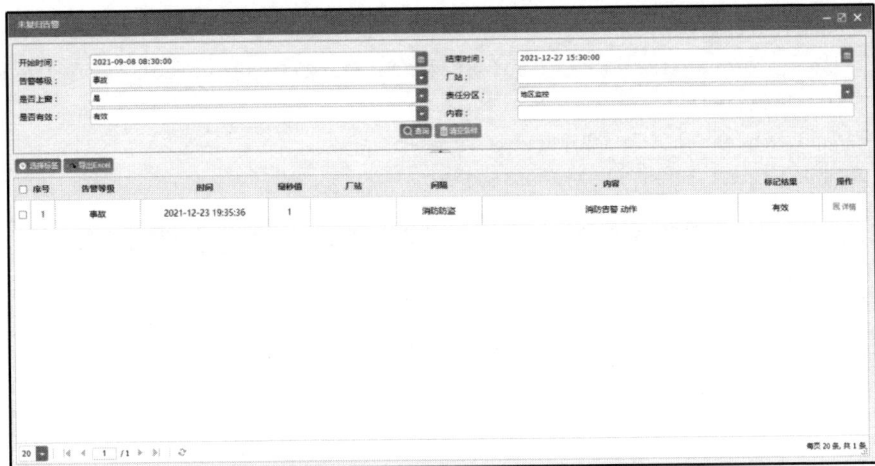

图 6-7 【事故查询】页面

（1）根据事件范围及告警内容查询：

```
select * from "TH_ROBOT"."EMS_REAL_RL_YX_WARN"
where   OCCUR_TIME   >=   to_date('2021-01-01   00:00:00','yyyy-MM-dd
HH24:mi:ss')
and OCCUR_TIME <= to_date('2021-12-27  00:00:00','yyyy-MM-dd HH24:
mi:ss')
and content like '%故障%'
and bitand (RESP_AREA,2097152)<>0;
```

（2）根据查询遥信 ID 查询：

```
select * from "TH_ROBOT"."EMS_REAL_RL_YX_WARN"
where   OCCUR_TIME   >=   to_date('2021-01-01   00:00:00','yyyy-MM-dd
HH24:mi:ss')
and    OCCUR_TIME   <=   to_date('2021-12-27    00:00:00','yyyy-MM-dd
HH24:mi:ss')
and YX_ID = '03060410210010'
and bitand (RESP_AREA,2097152)<>0;
```

2. 越限

【越限查询】页面如图 6-8 所示，可按以下条件查询：

（1）根据事件范围及告警内容查询：

```
select * from "TH_ROBOT"."EMS_REAL_YC_OVER"
where   OCCUR_TIME   >=   to_date('2021-01-01   00:00:00','yyyy-MM-dd
```

```
HH24:mi:ss')
and  OCCUR_TIME  <=  to_date('2021-12-27  00:00:00','yyyy-MM-dd
HH24:mi:ss')
and content like '%电流值%'
and bitand (RESP_AREA,2097152)<>0;
```

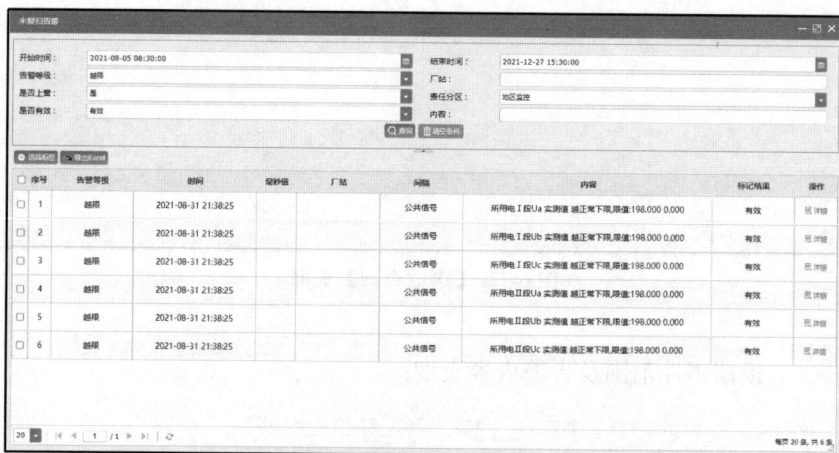

图 6-8　【越限查询】页面

（2）根据事件范围及告警内容查询：

```
select * from "TH_ROBOT"."EMS_REAL_YC_OVER"
where  OCCUR_TIME  >=  to_date('2021-01-01  00:00:00','yyyy-MM-dd
HH24:mi:ss')
and  OCCUR_TIME  <=  to_date('2021-12-27  00:00:00','yyyy-MM-dd
HH24:mi:ss')
and YC_ID = '03060410210010'
and bitand (RESP_AREA,2097152)<>0;
```

3. 变位

【变位查询】页面如图 6-9 所示，可按以下条件查询：

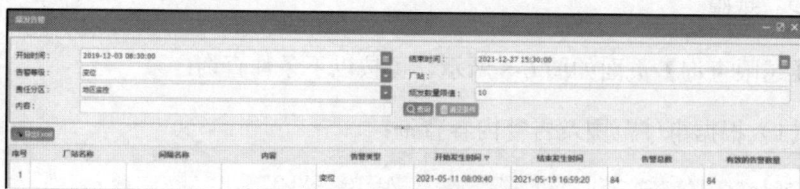

图 6-9　【变位查询】页面

（1）根据事件范围及告警内容查询：

```
select * from "TH_ROBOT"."EMS_REAL_YX_BW"
where  OCCUR_TIME  >=  to_date('2021-01-01  00:00:00','yyyy-MM-dd
HH24:mi:ss')
and  OCCUR_TIME  <=  to_date('2021-12-27  00:00:00','yyyy-MM-dd
HH24:mi:ss')
and content like '%闸刀%'
and bitand (RESP_AREA,2097152)<>0;
```

（2）根据查询遥信 ID 查询：

```
select * from "TH_ROBOT"."EMS_REAL_YX_BW"
where  OCCUR_TIME  >=  to_date('2021-01-01  00:00:00','yyyy-MM-dd
HH24:mi:ss')
and  OCCUR_TIME  <=  to_date('2021-12-27  00:00:00','yyyy-MM-dd
HH24:mi:ss')
and YX_ID = '03060410210010'
and bitand (RESP_AREA,2097152)<>0;
```

6.3.2　信号抑制/置牌操作

1. 信号抑制

【信号抑制查询】页面如图 6-10 所示，可按以下条件查询：

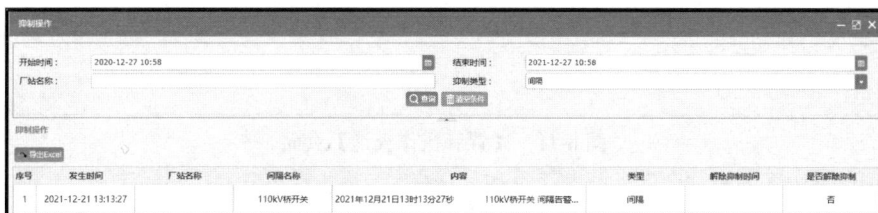

图 6-10　【信号抑制查询】页面

（1）遥信信号抑制：

```
select * from "TH_ROBOT"."EMS_REAL_OP_YX"
where  OCCUR_TIME  >=  to_date('2021-01-01  00:00:00','yyyy-MM-dd
HH24:mi:ss')
and  OCCUR_TIME  <=  to_date('2021-12-27  00:00:00','yyyy-MM-dd
HH24:mi:ss')
```

```
and CONTENT like '%张三%'
and bitand (RESP_AREA,2097152)<>0;
```

（2）遥测信号抑制：

```
select * from "TH_ROBOT"."EMS_HIS_OP_YC"
where  OCCUR_TIME  >=  to_date('2021-01-01  00:00:00','yyyy-MM-dd
HH24:mi:ss')
and   OCCUR_TIME  <=  to_date('2021-12-27  00:00:00','yyyy-MM-dd
HH24:mi:ss')
and CONTENT like '%张三%'
and bitand (RESP_AREA,2097152)<>0;
```

2. 置牌操作

【置牌操作查询】页面如图 6-11 所示，可按以下条件查询：

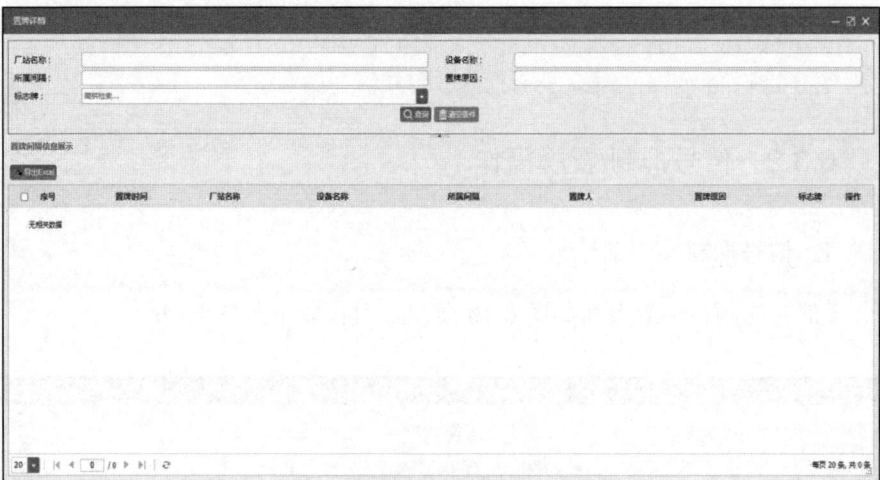

图 6-11　【置牌操作查询】页面

（1）根据厂站名称查询：

```
select * from "TH_ROBOT"."EMS_HIS_OP_TOKEN"
where EMS_STATION_NAME = 'XX 变'
and BOOKMARK like '%生产管控机构%';
```

（2）根据设备名称查询：

```
select * from "TH_ROBOT"."EMS_HIS_OP_TOKEN"
where EMS_EQUIP_NAME = 'XX 变'
and BOOKMARK like '%生产管控机构%';
```

（3）根据所属间隔查询：

```
select * from "TH_ROBOT"."EMS_HIS_OP_TOKEN"
where EMS_BAY_NAME = 'XX变'
and BOOKMARK like '%生产管控机构%';
```

（4）根据置牌原因查询：

```
select * from "TH_ROBOT"."EMS_HIS_OP_TOKEN"
where TOKEN_ID = 433000034
and BOOKMARK like '%生产管控机构%';
```

6.4　故障处置数据核查

6.4.1　故障统计数据核查

【故障统计】统计内容包含故障数统计（分电压等级和重合是否成功）、变电站排行 Top10、故障间隔电压等级构成（220、110、35、10kV）和故障分类（线路故障、备自投出口故障、电容器故障、母分间隔开关故障、主变故障）。

（1）故障数统计数据核查。

1）【220kV 线路故障重合成功】查询 SQL 语句如下：

```
select count(*) from "TH_ROBOT"."T_ACCIDENT"
where ACC_DESCRIBE like '%重合成功%'
and VOL_NAME = '35kV'
and bitand (RESP_AREA,2097152)<>0;
```

2）【220kV 线路故障重合失败】查询 SQL 语句如下：

```
select count(*) from "TH_ROBOT"."T_ACCIDENT"
where ACC_DESCRIBE like '%重合失败%'
and VOL_NAME = '35kV'
and bitand (RESP_AREA,2097152)<>0;
```

3）【110kV 线路故障重合成功】查询 SQL 语句如下：

```
select count(*) from "TH_ROBOT"."T_ACCIDENT"
where ACC_DESCRIBE like '%重合成功%'
```

```
and VOL_NAME = '35kV'
and bitand (RESP_AREA,2097152)<>0;
```

4)【110kV 线路故障重合失败】查询 SQL 语句如下：

```
select count(*) from "TH_ROBOT"."T_ACCIDENT"
where ACC_DESCRIBE like '%重合失败%'
and VOL_NAME = '35kV'
and bitand (RESP_AREA,2097152)<>0;
```

5)【35kV 线路故障重合成功】查询 SQL 语句如下：

```
select count(*) from "TH_ROBOT"."T_ACCIDENT"
where ACC_DESCRIBE like '%重合成功%'
and VOL_NAME = '35kV'
and bitand (RESP_AREA,2097152)<>0;
```

6)【35kV 线路故障重合失败】查询 SQL 语句如下：

```
select count(*) from "TH_ROBOT"."T_ACCIDENT"
where ACC_DESCRIBE like '%重合失败%'
and VOL_NAME = '35kV'
and bitand (RESP_AREA,2097152)<>0;
```

（2）变电站排行 Top10 数据核查。

【变电站排行 Top10】查询 SQL 语句如下：

```
select top 10 FAC_ID,YX_ID,count(0) as TOP10 FROM
"TH_ROBOT"."EMS_HIS_RL_YX_WARN"
where   OCCUR_TIME  >=  to_date('2021-08-20  00:00:00','yyyy-MM-dd
HH24:mi:ss')
and   OCCUR_TIME   <   to_date('2021-09-20   00:00:00','yyyy-MM-dd
HH24:mi:ss')
and bitand (RESP_AREA,2097152)<>0
and CUSTOMIZED_GROUP = 1
group by FAC_ID,YX_ID
order by TOP10 desc;
```

（3）故障间隔电压等级构成数据核查。

1)【220kV 电压等级间隔】查询 SQL 语句如下：

```
select count(*) from "TH_ROBOT"."T_ACCIDENT"
where VOL_NAME = '220kV'
and bitand (RESP_AREA,2097152)<>0;
```

2）【110kV 电压等级间隔】查询 SQL 语句如下：

```
select count(*) from "TH_ROBOT"."T_ACCIDENT"
where VOL_NAME = '110kV'
and bitand (RESP_AREA,2097152)<>0;
```

3）【35kV 电压等级间隔】查询 SQL 语句如下：

```
select count(*) from "TH_ROBOT"."T_ACCIDENT"
where VOL_NAME = '35kV'
and bitand (RESP_AREA,2097152)<>0;
```

4）【10kV 电压等级间隔】查询 SQL 语句如下：

```
select count(*) from "TH_ROBOT"."T_ACCIDENT"
where VOL_NAME = '10kV'
and bitand (RESP_AREA,2097152)<>0;
```

（4）故障分类数据核查。查询 SQL 语句如下：

```
select count(*) from "TH_ROBOT"."T_EVENT_ZNJS_DWXXJS"
where busi_type_subclass like '%备自投%'
and BUSI_TYPE_CODE = 1000
and bitand (RESP_AREA,2097152)<>0;
```

6.4.2　故障详情数据核查

【故障详情】每条数据包含每条故障的时间、厂站、保护动作信息、事件
详情。该部分可通过故障处置事件、厂站进行查询。

（1）根据故障处置时间查询。查询 SQL 语句如下：

```
select OCCUR_TIME,STATION_NAME,BAY_NAME,ACC_DESCRIBE from
"TH_ROBOT"."T_ACCIDENT"
where   OCCUR_TIME   >=   to_date('2021-08-01   00:00:00','yyyy-MM-dd
HH24:mi:ss')
and    OCCUR_TIME   <=   to_date('2021-12-24   00:00:00','yyyy-MM-dd
HH24:mi:ss')
order by occur_time desc;
```

（2）根据厂站查询。查询 SQL 语句如下：

```
select OCCUR_TIME,STATION_NAME,BAY_NAME,ACC_DESCRIBE from
"TH_ROBOT"."T_ACCIDENT"
```

```
where OCCUR_TIME >= to_date('2021-08-01 00:00:00','yyyy-MM-dd HH24:
mi:ss')
and     OCCUR_TIME     <=    to_date('2021-12-24    00:00:00','yyyy-MM-dd
HH24:mi:ss')
and STATION_NAME like '%XX变%'
order by occur_time desc;
```

6.4.3　事故及开关变位信息查询

【事故及开关变位信息】显示内容包含序号、告警等级、发生时间、毫秒值、厂站、间隔、内容。

（1）事故信息查询。查询 SQL 语句如下：

```
select
OCCUR_TIME,MILLI_SECOND,EMS_STATION_NAME,EMS_BAY_NAME,CONT
ENT from "TH_ROBOT"."EMS_HIS_RL_YX_WARN"
where   OCCUR_TIME   >=   to_date('2021-08-01   00:00:00','yyyy-MM-dd
HH24:mi:ss')
and    OCCUR_TIME    <=    to_date('2021-12-24    00:00:00','yyyy-MM-dd
HH24:mi:ss')
and EMS_EQUIP_NAME like '%XX线%'
and CUSTOMIZED_GROUP = 0
and bitand (RESP_AREA,2097152)<>0
order by occur_time desc;
```

（2）开关变位信息查询。查询 SQL 语句如下：

```
select
OCCUR_TIME,MILLI_SECOND,EMS_STATION_NAME,EMS_BAY_NAME,CONT
ENT from "TH_ROBOT"."EMS_REAL_YX_BW"
where   OCCUR_TIME   >=   to_date('2021-08-01   00:00:00','yyyy-MM-dd
HH24:mi:ss')
and    OCCUR_TIME    <=    to_date('2021-12-24    00:00:00','yyyy-MM-dd
HH24:mi:ss')
and EMS_EQUIP_NAME like '%XX线%'
and bitand (RESP_AREA,2097152)<>0
order by occur_time desc;
```

6.5 故障录波数据核查

6.5.1 故障录波文件数据核查

【故障录波】页面如图 6-12 所示，该页面可通过录波起始时间、变电站名称、间隔名称、故录召唤厂商为关键字进行数据查询。查询内容包含变电站名称、间隔名称、录波起始时间、文件名称、解析时间、故录召唤厂商。

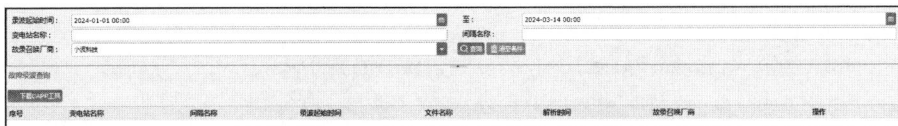

图 6-12 【故障录波】页面

（1）根据起始时间查询。查询 SQL 语句如下：

```
select
STATION_NAME,BAY_NAME,OSC_START_TIME,FILE_NAME,ANALYSE_TIME,
SUPPLIER from "TH_ROBOT"."T_TH_FAULTWAVE_REPORT"
where  ANALYSE_TIME  >=  to_date('2021-08-01  00:00:00','yyyy-MM-dd
HH24:mi:ss')
and  ANALYSE_TIME  <=  to_date('2021-12-24  00:00:00','yyyy-MM-dd
HH24:mi:ss')
order by ANALYSE_TIME desc;
```

（2）根据变电站名称查询。查询 SQL 语句如下：

```
select
STATION_NAME,BAY_NAME,OSC_START_TIME,FILE_NAME,ANALYSE_TIME,
SUPPLIER from "TH_ROBOT"."T_TH_FAULTWAVE_REPORT"
where  ANALYSE_TIME  >=  to_date('2021-08-01  00:00:00','yyyy-MM-dd
HH24:mi:ss')
and  ANALYSE_TIME  <=  to_date('2021-12-24  00:00:00','yyyy-MM-dd
HH24:mi:ss')
and STATION_NAME like '%XX变%'
order by ANALYSE_TIME desc;
```

（3）根据间隔名称查询。查询 SQL 语句如下：

```
select
STATION_NAME,BAY_NAME,OSC_START_TIME,FILE_NAME,ANALYSE_TIME,
SUPPLIER from "TH_ROBOT"."T_TH_FAULTWAVE_REPORT"
where    ANALYSE_TIME  >=  to_date('2021-08-01  00:00:00','yyyy-MM-dd
HH24:mi:ss')
and    ANALYSE_TIME  <=  to_date('2021-12-24  00:00:00','yyyy-MM-dd
HH24:mi:ss')
and BAY_NAME like '%#1主变%'
order by ANALYSE_TIME desc;
```

（4）根据故录召唤厂商查询。查询 SQL 语句如下：

```
select
STATION_NAME,BAY_NAME,OSC_START_TIME,FILE_NAME,ANALYSE_TIME,
SUPPLIER from "TH_ROBOT"."T_TH_FAULTWAVE_REPORT"
where    ANALYSE_TIME  >=  to_date('2021-08-01  00:00:00','yyyy-MM-dd
HH24:mi:ss')
and    ANALYSE_TIME  <=  to_date('2021-12-24  00:00:00','yyyy-MM-dd
HH24:mi:ss')
and SUPPLIER like '%zyhd%'
order by ANALYSE_TIME desc;
```

6.5.2 故障录波简报数据核查

【故障录波简报】页面如图 6-13 所示，可显示故障录波详细信息，包含变电站名称、间隔名称、录波器名称、录波起始时间、故障零时刻、故障类型、跳闸相别、故障位置（测距）、故障范围、重合闸情况、重合闸时间（毫秒）、第一套保护时刻、最大故障电流（一次）、最大故障电流（二次）、最低故障电压（一次）、最低故障电压（二次）、相对时间（毫秒）、故障类型—相别、故障类型—是否接地、故障持续时间（毫秒）、断路器分时刻（毫秒）、断路器合时刻（毫秒）、断路器再次分时刻（毫秒）、故障录波从表。

1. 查询SQL语句

（1）【故障录波简报】主表查询 SQL 语句如下所示：

```
select
STATION_NAME,BAY_NAME,FAULT_TYPE_X,FAULT_TYPE_J,FAULT_CX_TIM
E,FAULT_AREA,FIRST_PROTECT_TIME,RECLOSURE,RECLOSURE_TIME,TRIP
_TYPE,OSC_ZERO_TIME,BREAKER_FZ_TIME,BREAKER_F_TIME,BREAKER_H
_TIME,MAX_FAULT_ELECTRIC_ONE,MAX_FAULT_ELECTRIC_SECOND,MIN_
FAULT_ELECTRIC_ONE,MIN_FAULT_ELECTRIC_SECOND from
"TH_ROBOT"."T_TH_FAULTWAVE_REPORT"
where  ANALYSE_TIME  >=  to_date('2021-08-01  00:00:00','yyyy-MM-dd
HH24:mi:ss')
and  ANALYSE_TIME  <=  to_date('2021-12-24  00:00:00','yyyy-MM-dd
HH24:mi:ss')
and BAY_NAME like '%#1 主变%'
order by ANALYSE_TIME desc;
```

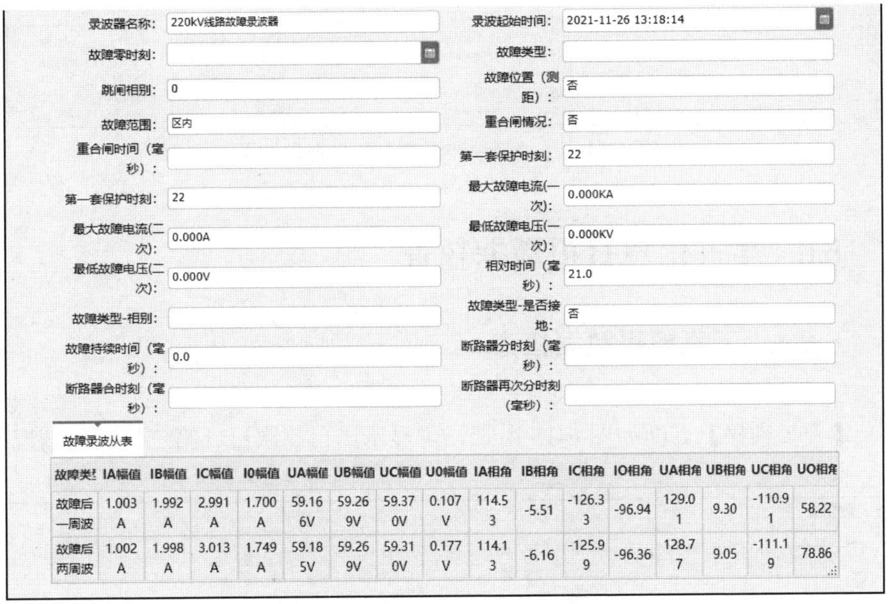

故障类型	IA幅值	IB幅值	IC幅值	I0幅值	UA幅值	UB幅值	UC幅值	U0幅值	IA相角	IB相角	IC相角	IO相角	UA相角	UB相角	UC相角	UO相角
故障后一周波	1.003A	1.992A	2.991A	1.700A	59.166V	59.269V	59.370V	0.107V	114.53	-5.51	-126.33	-96.94	129.01	9.30	-110.91	58.22
故障后两周波	1.002A	1.998A	3.013A	1.749A	59.185V	59.269V	59.310V	0.177V	114.13	-6.16	-125.99	-96.36	128.77	9.05	-111.19	78.86

图 6-13　【故障录波简报】页面

（2）【故障录波简报】从表查询 SQL 语句如下所示：

```
select
IA,IB,IC,I0,UA,UB,UC,U0,IA_ANGLE,IB_ANGLE,IC_ANGLE,IO_ANGLE,UA_AN
GLE,UB_ANGLE,UC_ANGLE,UO_ANGLE from
"TH_ROBOT"."T_TH_FAULTWAVE_REPORT_ZB"
where FULTWAVE_ID = 'ce74bf82bb854745b799379137635e2f';
```

2. 查询结果

查询结果如图 6-14 所示。

	IA VARCHAR(50)	IB VARCHAR(50)	IC VARCHAR(50)	IO VARCHAR(50)	UA VARCHAR(50)	UB VARCHAR(50)	UC VARCHAR(50)	UO VARCHAR(50)	IA_ANGLE VARCHAR(50)	IB_ANGLE VARCHAR(50)	IC_ANGLE VARCHAR(50)	IO_ANGLE VARCHAR(50)
1	0.359	0.359	0.116	0.001	58.842	56.855	58.881	0.086	156.21	-7.04	-140.54	166.34
2	0.294	0.363	0.120	0.000	58.750	56.806	58.804	0.090	155.17	-7.36	-140.47	84.32
3	0.293	0.359	0.116	0.001	58.842	56.855	58.881	0.086	156.21	-7.04	-140.54	166.34
4	0.294	0.363	0.120	0.000	58.750	56.806	58.804	0.090	155.17	-7.36	-140.47	84.32
5	0.293	0.359	0.116	0.001	58.842	56.855	58.881	0.086	156.21	-7.04	-140.54	166.34
6	0.294	0.363	0.120	0.000	58.750	56.806	58.804	0.090	155.17	-7.36	-140.47	84.32
7	0.293	0.359	0.116	0.001	58.842	56.855	58.881	0.086	156.21	-7.04	-140.54	166.34
8	0.294	0.363	0.120	0.000	58.750	56.806	58.804	0.090	155.17	-7.36	-140.47	84.32
9	0.116	0.201	0.135	0.001	58.610	57.590	58.075	0.121	68.99	-70.85	143.28	-115.58
10	0.100	0.178	0.121	0.003	58.727	57.750	58.313	0.120	70.95	-69.81	141.45	102.56
11	0.063	0.120	0.124	0.003	59.548	59.078	58.786	0.120	49.51	-52.56	156.06	82.47
12	0.050	0.109	0.113	0.001	59.643	59.157	59.032	0.110	45.61	-52.41	153.03	5.77
13	0.127	0.077	0.148	0.002	58.725	59.003	58.551	0.125	-30.17	-119.88	118.92	-83.71
14	0.115	0.060	0.130	0.001	58.935	59.051	58.673	0.113	-32.47	-120.28	120.18	-53.35
15	0.000	0.000	0.000	0.000	8.070	12.969	7.329	7.828	-74.53	0.00	133.13	-139.78
16	0.000	0.000	0.000	0.000	2.116	8.840	5.199	14.318	0.00	0.00	-121.95	-121.95
17	4.978	0.007	0.007	4.981	60.540	60.436	60.656	0.054	-59.02	-137.83	-134.23	-59.18
18	4.980	0.008	0.007	4.985	60.550	60.435	60.654	0.054	-59.04	-136.57	-125.82	-59.21
19	0.007	4.983	0.007	4.986	60.526	60.565	60.736	0.058	85.77	169.72	97.94	169.57
20	0.009	4.982	0.007	4.985	60.524	60.555	60.734	0.046	85.11	169.69	93.88	169.50
21	0.009	4.981	0.008	4.982	60.548	60.390	60.638	0.037	-51.34	33.08	-60.76	32.88
22	0.011	4.980	0.007	4.980	60.559	60.381	60.653	0.046	-60.07	33.07	-57.52	32.86
23	4.979	0.007	0.007	4.981	60.549	60.459	60.679	0.054	-75.05	-160.72	-152.28	-75.21
24	4.980	0.008	0.007	4.981	60.544	60.477	60.667	0.046	-75.05	-161.67	-157.09	-75.22

图 6-14　【故障录波简报】从表查询结果

6.6　生产信息日报数据核查

6.6.1　天气预报数据核查

【天气预报】页面如图 6-15 所示，可显示当日、次日、第三日天气情况。

	序号	日期	天气	温度(℃)	风力风向	空气质量
详细	1	2021-12-24	晴	4-11	东风1级	
详细	2	2021-12-25	晴	4-11	东北风1级	
详细	3	2021-12-26	晴转多云	4-12	北风2级	

一、天气预报

图 6-15　【天气预报】页面

1. 查询SQL语句

```
select
DATETIME,WEATHERNAME,MINTEM,MAXTEM,WINDDIRECTION,WINDSPEE
D,AIRPRESSURE from "TH_ROBOT"."T_WEATHER_FORECAST_15D"
```

```
where FORECASTTIME > to_char(sysdate,'yyyy-MM-dd')
and FORECASTTIME < to_char(sysdate+3,'yyyy-MM-dd');
```

2. 查询结果

【天气预报】查询结果如图 6-16 所示。

	DATETIME VARCHAR(50)	WEATHERNAME VARCHAR(24)	MINTEM DECIMAL(22, 0)	MAXTEM DECIMAL(22, 0)	WINDDIRECTION DECIMAL(22, 0)	WINDSPEED DECIMAL(22, 2)	AIRPRESSURE DECIMAL(22, 0)
1	2021-12-23	多云转晴	6	11	0	1.60	1011
2	2021-12-24	晴	4	11	0	1.30	1008
3	2021-12-25	晴	4	11	45	1.20	1007

图 6-16　【天气预报】查询结果

6.6.2　特高压及跨区直流线路负荷数据核查

【特高压及跨区直流线路负载情况】页面如图 6-17 所示。

四、特高压及跨区直流线路负荷情况

昨日特高压及跨区直流线路负荷情况正常。

线路名称											
电压等级	1000kV	1000kV	1000kV	1000kV	1000kV	1000kV	±500kV	±500kV	±500kV	±800kV	±800kV
输送限额 (MW)	6000	6000	6000	6000	6000	6000	3000	3000	1200	6400	7200
最高负荷 (MW)	-3368	-3378	1520	1510	1094	1121	1034	3	0	2094	/
最高负荷率	56.13%	56.30%	25.33%	25.17%	18.23%	18.68%	34.47%	0.10%	0.00%	32.72%	/

图 6-17　【特高压及跨区直流线路负荷情况】页面

【特高压及跨区直流线路负荷情况】查询 SQL 语句如下：

```
select LINE_NAME,MAX_RATE,DATE from
"TH_ROBOT"."EMS_SCRB_TGY_DATA"
where DATE = to_char(sysdate-1,'yyyy-MM-dd');

select LINE_NAME,LIMIT_RATE,DIRECTION_FLOWING from
"TH_ROBOT"."EMS_SCRB_TGY_LINE_INFO";
```

6.6.3 设备异常告警数据核查

【设备异常告警情况】页面如图 6-18 所示。

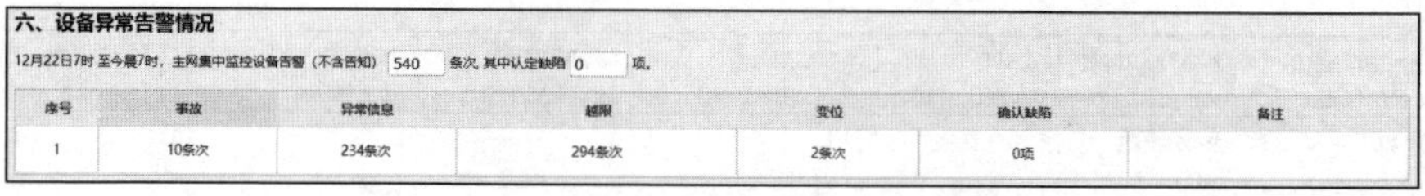

六、设备异常告警情况

12月22日7时 至今晨7时，主网集中监控设备告警（不含告知） 540 条次，其中认定缺陷 0 项。

序号	事故	异常信息	越限	变位	确认缺陷	备注
1	10条次	234条次	294条次	2条次	0项	

图 6-18 【设备异常告警情况】页面

（1）【事故】查询 SQL 语句如下：

```
select count(*) from "TH_ROBOT"."EMS_REAL_RL_YX_WARN"
where OCCUR_TIME >= to_date('2021-12-23 07:00:00','yyyy-MM-dd HH24:
mi:ss')
and OCCUR_TIME < to_date('2021-12-24 07:00:00','yyyy-MM-dd HH24:
mi:ss')
and CUSTOMIZED_GROUP = 0
and bitand (RESP_AREA,2097152)<>0;
```

（2）【异常】查询 SQL 语句如下：

```
select count(*) from "TH_ROBOT"."EMS_REAL_RL_YX_WARN"
where OCCUR_TIME >= to_date('2021-12-23 07:00:00','yyyy-MM-dd HH24:
mi:ss')
and OCCUR_TIME < to_date('2021-12-24 07:00:00','yyyy-MM-dd HH24:
mi:ss')
and RESTRAIN_FLAG = 0
and CUSTOMIZED_GROUP = 1
and bitand (RESP_AREA,2097152)<>0;
```

（3）【越限】查询 SQL 语句如下：

```
select count(*) from "TH_ROBOT"."EMS_REAL_YC_OVER"
where OCCUR_TIME >= to_date('2021-12-23 07:00:00','yyyy-MM-dd HH24:
mi:ss')
and OCCUR_TIME < to_date('2021-12-24 07:00:00','yyyy-MM-dd HH24:
mi:ss')
and IF_DISPLAY = 1
and bitand (RESP_AREA,2097152)<>0;
```

（4）【变位】查询 SQL 语句如下：

```
select count(*) from "TH_ROBOT"."EMS_REAL_YX_BW"
where  OCCUR_TIME  >=  to_date('2021-12-23  07:00:00','yyyy-MM-dd
HH24:mi:ss')
and  OCCUR_TIME  <  to_date('2021-12-24  07:00:00','yyyy-MM-dd
HH24:mi:ss')
and IF_DISPLAY = 1
and RESTRAIN_FLAG = 0
and (CONTENT not like '%封锁%')
and bitand (RESP_AREA,2097152)<>0;
```

6.6.4　设备缺陷数据核查

设备缺陷数据分为“今日缺陷（严重及以上）”和“完成存量消缺（严重及以上）”两类，相应页面如图 6-19、图 6-20 所示。

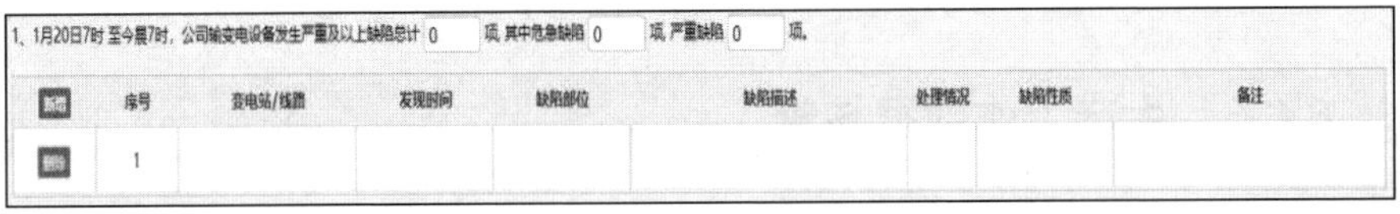

1、1月20日7时 至今晨7时，公司输变电设备发生严重及以上缺陷总计 0 项，其中危急缺陷 0 项，严重缺陷 0 项。

	序号	变电站/线路	发现时间	缺陷部位	缺陷描述	处理情况	缺陷性质	备注
	1							

图 6-19　【今日缺陷（严重及以上）】页面

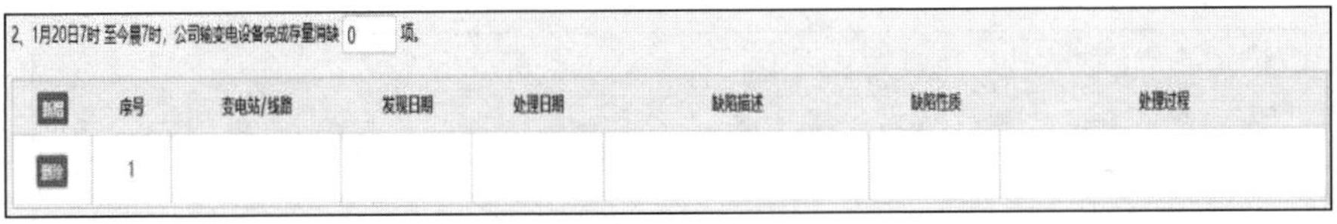

2、1月20日7时 至今晨7时，公司输变电设备完成存量消缺 0 项。

	序号	变电站/线路	发现日期	处理日期	缺陷描述	缺陷性质	处理过程
	1						

图 6-20　【完成存量消缺（严重及以上）】页面

（1）【今日缺陷（严重及以上）】查询 SQL 语句如下：

```
select SUBSTATION,DATE_1,DATE_2,KIND,NAME,DESCRIBE,STATE,CONTENT
from "TH_ROBOT"."EMS_SCRB_XQ"
where DATE_1 > to_char(sysdate,'yyyy-MM-dd')
and (KIND = '严重' or KIND = '危急');
```

（2）【完成存量消缺（严重及以上）】查询 SQL 语句如下：

```
select SUBSTATION,DATE_1,DATE_2,KIND,NAME,DESCRIBE,STATE,CONTENT
from "TH_ROBOT"."EMS_SCRB_XQ"
where DATE_2 > to_char(sysdate,'yyyy-MM-dd')
```

```
and DATE_2 not like '待定'
and (KIND = '严重' or KIND = '危急');
```

6.6.5 设备远方遥控操作数据核查

【设备远方遥控操作】页面如图 6-21 所示。查询 SQL 语句如下：

```
select EMS_STATION_NAME,EMS_BAY_NAME,CONTENT from
"TH_ROBOT"."EMS_REAL_OP_YK"
where OCCUR_TIME > to_char(sysdate-1,'yyyy-MM-dd');
```

	序号	设备	操作时间	操作任务	备注
	1				

1月20日7时 至今晨7时，主网设备远方遥控操作 0 项，遥控成功率为 0 %。

图 6-21 【设备远方遥控操作情况】页面

6.6.6 生产工作数据核查

【生产工作情况】页面如图 6-22 所示。

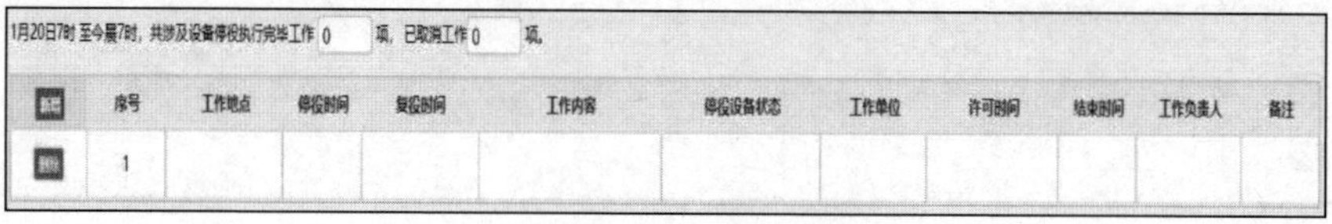

	序号	工作地点	停役时间	复役时间	工作内容	停役设备状态	工作单位	许可时间	结束时间	工作负责人	备注
	1										

1月20日7时 至今晨7时，共涉及设备停役执行完毕工作 0 项，已取消工作 0 项。

图 6-22 【生产工作情况】页面

（1）【已完成】生产工作查询 SQL 语句如下：

```
select
SUBSTATION,START_DATE_1,END_DATE_1,START_DATE_2,END_DATE_2,CON
TENT,STATUS,UNIT,PRINCIPAL,STATE from "TH_ROBOT"."EMS_SCRB_ZJH"
where END_DATE_2 > to_char(sysdate,'yyyy-MM-dd')
and STATE = '已完成';
```

（2）【未完成】生产工作查询 SQL 语句如下：

```
select
SUBSTATION,START_DATE_1,END_DATE_1,START_DATE_2,END_DATE_2,CON
```

```
TENT,STATUS,UNIT,PRINCIPAL,STATE from "TH_ROBOT"."EMS_SCRB_ZJH"
where END_DATE_2 > to_char(sysdate,'yyyy-MM-dd')
and STATE = '未完成';
```

6.6.7 今日生产计划数据核查

今日生产计划数据分为"今日生产计划"和"延续性停役计划"两类，页面如图 6-23、图 6-24 所示。

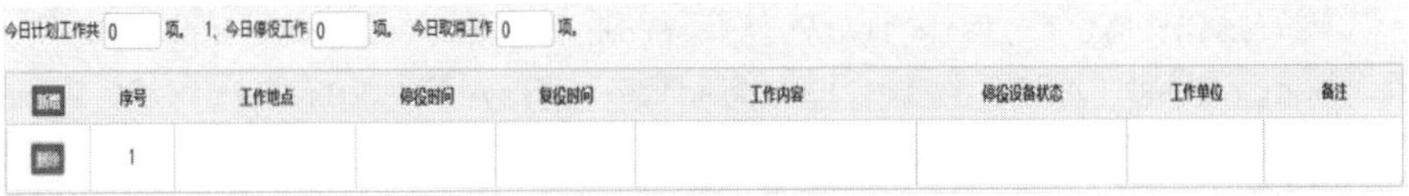

图 6-23 【今日生产计划】页面

图 6-24 【延续性停役计划】页面

（1）【今日生产计划】查询 SQL 语句如下：

```
select
SUBSTATION,START_DATE_1,END_DATE_1,START_DATE_2,END_DATE_2,CON
TENT,STATUS,UNIT,PRINCIPAL,STATE from "TH_ROBOT"."EMS_SCRB_ZJH"
where START_DATE_1 > to_char(sysdate+1,'yyyy-MM-dd')
and STATE = '未完成';
```

（2）【延续性停役计划】查询 SQL 语句如下：

```
select
SUBSTATION,START_DATE_1,END_DATE_1,START_DATE_2,END_DATE_2,CON
TENT,STATUS,UNIT,PRINCIPAL,STATE from "TH_ROBOT"."EMS_SCRB_ZJH"
and STATE = '进行中';
```

6.6.8 明日生产计划数据核查

【明日生产计划】页面如图 6-25 所示。

明日计划停役工作 0 项。								
新增	序号	工作地点	停役时间	复役时间	工作内容	停役设备状态	工作单位	备注
删除	1							

图 6-25 【明日生产计划】页面

查询 SQL 语句如下：

```
select
SUBSTATION,START_DATE_1,END_DATE_1,START_DATE_2,END_DATE_2,CON
TENT,STATUS,UNIT,PRINCIPAL,STATE from "TH_ROBOT"."EMS_SCRB_ZJH"
where START_DATE_1 > to_char(sysdate+2,'yyyy-MM-dd')
and STATE = '未完成';
```

6.7 生产信息周报数据核查

6.7.1 天气预报数据核查

【天气预报】页面如图 6-26 所示。

一、天气预报						
新增	序号	日期	天气	温度(℃)	风力风向	空气质量
删除	1	2021-12-24	晴	4-11	东风1级	
删除	2	2021-12-25	晴	4-11	东北风1级	
删除	3	2021-12-26	晴转多云	4-12	北风2级	

图 6-26 【天气预报】页面

1. 查询SQL语句

```
select
DATETIME,WEATHERNAME,MINTEM,MAXTEM,WINDDIRECTION,WINDSPEE
D,AIRPRESSURE from "TH_ROBOT"."T_WEATHER_FORECAST_15D"
where FORECASTTIME > to_char(sysdate,'yyyy-MM-dd')
and FORECASTTIME < to_char(sysdate+3,'yyyy-MM-dd');
```

2. 查询结果

【天气预报】查询结果如图 6-27 所示。

	DATETIME VARCHAR(50)	WEATHERNAME VARCHAR(24)	MINTEM DECIMAL(22,0)	MAXTEM DECIMAL(22,0)	WINDDIRECTION DECIMAL(22,0)	WINDSPEED DECIMAL(22,2)	AIRPRESSURE DECIMAL(22,0)
1	2021-12-23	多云转晴	6	11	0	1.60	1011
2	2021-12-24	晴	4	11	0	1.30	1008
3	2021-12-25	晴	4	11	45	1.20	1007

图 6-27　【天气预报】查询结果

6.7.2　设备故障跳闸数据核查

【设备故障跳闸情况】页面如图 6-28 所示。

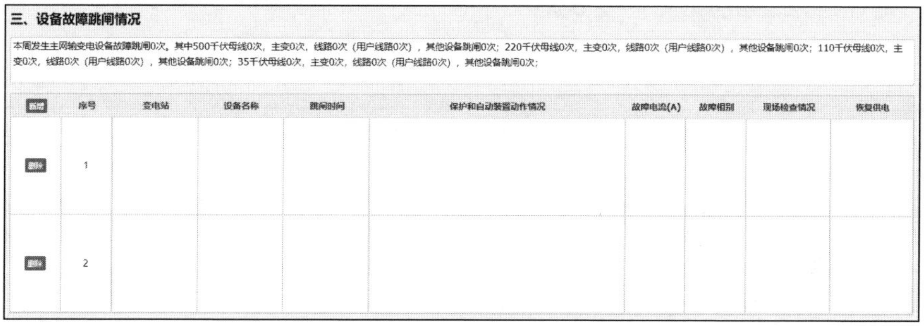

图 6-28　【设备故障跳闸情况】页面

查询 SQL 语句如下：

```
select
STATION_NAME,BAY_NAME,OCCUR_TIME,ACC_DESCRIBE,FAULTWAVE_REP
ORT_CONTENT,TRY_ON_RESULT,TRY_ON_TIME from
"TH_ROBOT"."T_ACCIDENT"
WHERE   OCCUR_TIME   >=   to_date('2021-08-27   00:00:00','yyyy-MM-dd
HH24:mi:ss')
and  OCCUR_TIME  <  to_date('2021-12-28  00:00:00','yyyy-MM-dd  HH24:
mi:ss')
and bitand(RESP_AREA,2097152)<>0;
```

6.7.3 设备缺陷数据核查

设备缺陷数据分为"本周缺陷情况""存量缺陷处理情况""存量未处理缺陷情况"三类，页面如图 6-29～图 6-31 所示。

图 6-29 【本周缺陷情况】页面

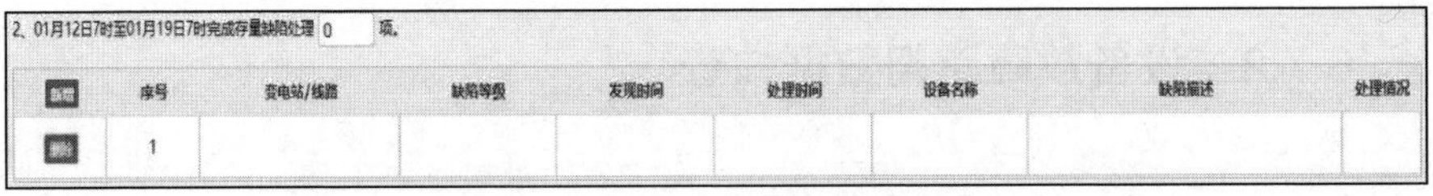

图 6-30 【存量缺陷处理情况】页面

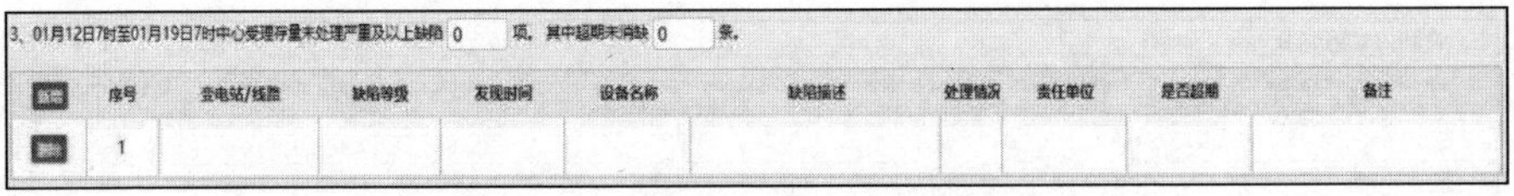

图 6-31 【存量未处理缺陷情况】页面

（1）【本周缺陷情况】查询 SQL 语句如下：

```
select SUBSTATION,DATE_1,DATE_2,KIND,NAME,DESCRIBE,STATE,CONTENT
from "TH_ROBOT"."EMS_SCRB_XQ"
where DATE_1 <= to_char(sysdate+1,'yyyy-MM-dd')
and DATE_1 > to_char(sysdate-7,'yyyy-MM-dd')
and (KIND = '严重' or KIND = '危急');
```

（2）【存量缺陷情况】查询 SQL 语句如下：

```
select SUBSTATION,DATE_1,DATE_2,KIND,NAME,DESCRIBE,STATE,CONTENT
from "TH_ROBOT"."EMS_SCRB_XQ"
where DATE_2 <= to_char(sysdate+1,'yyyy-MM-dd')
and DATE_2 >= to_char(sysdate-7,'yyyy-MM-dd')
AND DATE_1 < to_char(sysdate-7,'yyyy-MM-dd')
and (KIND = '严重' or KIND = '危急');
```

（3）【存量未处理缺陷情况】查询 SQL 语句如下：

```
select SUBSTATION,DATE_1,DATE_2,KIND,NAME,DESCRIBE,STATE,CONTENT
```

```
from "TH_ROBOT"."EMS_SCRB_XQ"
where STATE = '未处理'
and (KIND = '严重' or KIND = '危急');
```

6.7.4　检修计划执行情况数据核查

【检修计划执行情况】页面如图 6-32 所示。

| 01月12日7时至01月19日7时，共下达计划停电工作 0 | 项，截止 01月19日7时，完成工作 0 | 项，进行中 0 | 项，0 | 项未开展，本周计划执行率 0 | %。 |

图	序号	变电站/线路	检修内容	停役设备状态	工作开始时间	工作结束时间	停电天数	完成情况
	1							

图 6-32　【检修计划执行情况】页面

查询 SQL 语句如下：

```
select
SUBSTATION,START_DATE_1,END_DATE_1,START_DATE_2,END_DATE_2,CON
TENT,STATUS,UNIT,PRINCIPAL,STATE from "TH_ROBOT"."EMS_SCRB_ZJH"
where START_DATE_1 <= to_char(sysdate+1,'yyyy-MM-dd')
and START_DATE_1 >= to_char(sysdate-7,'yyyy-MM-dd');
```

6.7.5　特高压及跨区直流线路负荷数据核查

【特高压及跨区直流线路负荷情况】页面如图 6-33 所示。

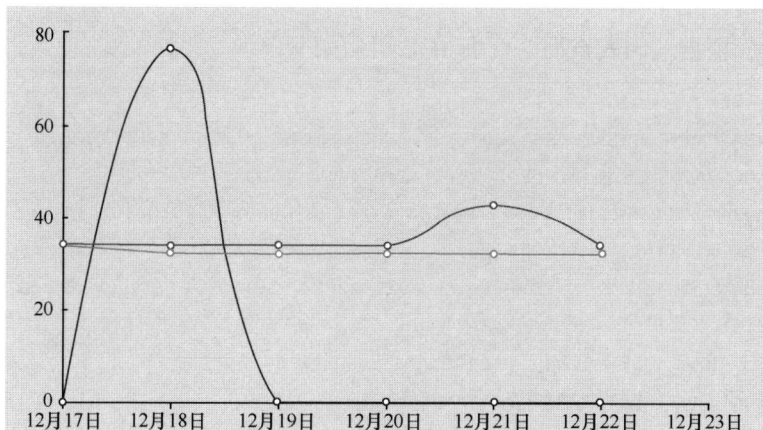

图 6-33　【特高压及跨区直流线路负荷情况】页面

查询 SQL 语句如下：

```
select LINE_NAME,MAX_RATE,DATE from
 "TH_ROBOT"."EMS_SCRB_TGY_DATA"
where DATE <= to_char(sysdate,'yyyy-MM-dd')
and DATE >= to_char(sysdate-7,'yyyy-MM-dd');
```

6.8 短信数据核查

6.8.1 待发送短信数据核查

【待发送短信】页面可通过发送的起始时间、发送人、发送内容对待发送短信进行查询，显示内容包含编辑时间、发送人、短信内容、收信人、定时发送时间、发送状态。

（1）根据发送时间查询。查询 SQL 语句如下：

```
select
CREATETIME,CREATEUSER,CONTENT,SEND_PHONES,TIMING_SEND_TIME,S
END_STATUS from "TH_ROBOT"."T_SMS_SEND_TODO"
where  CREATETIME  >=  to_date('2021-08-01  00:00:00','yyyy-MM-dd
HH24:mi:ss')
and  CREATETIME  <=  to_date('2021-12-24  00:00:00','yyyy-MM-dd
HH24:mi:ss')
order by CREATETIME desc;
```

（2）根据发送人查询。查询 SQL 语句如下：

```
select
CREATETIME,CREATEUSER,CONTENT,SEND_PHONES,TIMING_SEND_TIME,S
END_STATUS from "TH_ROBOT"."T_SMS_SEND_TODO"
where  CREATETIME  >=  to_date('2021-08-01  00:00:00','yyyy-MM-dd
HH24:mi:ss')
and CREATETIME <= to_date('2021-12-24 00:00:00','yyyy-MM-dd HH24:
mi:ss')
and CREATEUSER like '%XX管理员%'
order by CREATETIME desc;
```

（3）根据发送内容查询。查询 SQL 语句如下：

```
select
CREATETIME,CREATEUSER,CONTENT,SEND_PHONES,TIMING_SEND_TIME,S
END_STATUS from "TH_ROBOT"."T_SMS_SEND_TODO"
where   CREATETIME  >=  to_date('2021-08-01   00:00:00','yyyy-MM-dd
HH24:mi:ss')
and  CREATETIME <= to_date('2021-12-24  00:00:00','yyyy-MM-dd  HH24:
mi:ss')
and CONTENT like '%跳闸%'
order by CREATETIME desc;
```

（4）根据发送状态查询。查询 SQL 语句如下：

```
select
CREATETIME,CREATEUSER,CONTENT,SEND_PHONES,TIMING_SEND_TIME,S
END_STATUS from "TH_ROBOT"."T_SMS_SEND_TODO"
where   CREATETIME  >=  to_date('2021-08-01   00:00:00','yyyy-MM-dd
HH24:mi:ss')
and  CREATETIME <= to_date('2021-12-24  00:00:00','yyyy-MM-dd  HH24:
mi:ss')
and SEND_STATUS = 9
order by CREATETIME desc;
```

6.8.2　已发送短信数据核查

【已发送短信】页面如图 6-34 所示，该页面可通过发送的起始时间、短信类型名称、短信内容、手机号、接收人进行查询，显示内容包含发送时间、短信类型名称、接收人、短信内容、手机号。

（1）根据起始时间查询。查询 SQL 语句如下：

```
select
CREATETIME,BUSI_TYPE_NAME,SEND_USER_ID,CONTENT,SEND_PHONES
from "TH_ROBOT"."T_SMS_SEND_LOG"
where   CREATETIME   >=  to_date('2021-08-01   00:00:00','yyyy-MM-dd
HH24:mi:ss')
and   CREATETIME   <=  to_date('2021-12-24   00:00:00','yyyy-MM-dd
HH24:mi:ss')
order by CREATETIME desc;
```

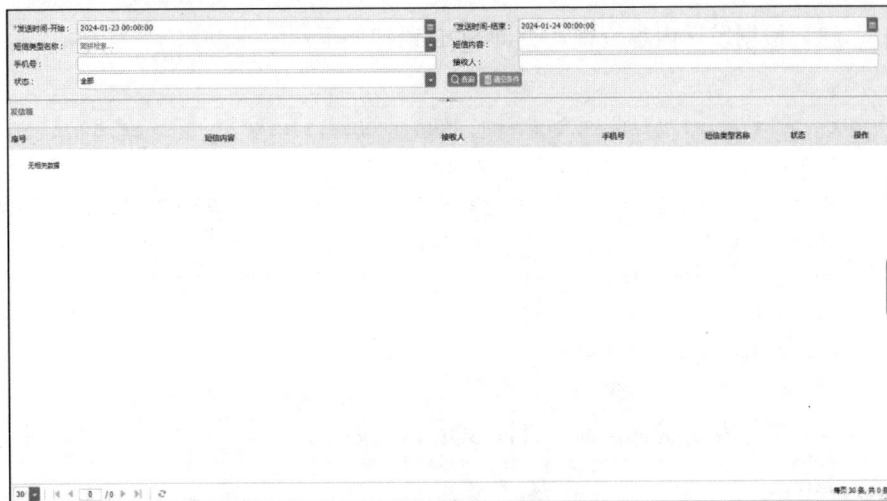

图 6-34　【已发送短信】页面

（2）根据短信类型名称查询。查询 SQL 语句如下：

```
select
CREATETIME,BUSI_TYPE_NAME,SEND_USER_ID,CONTENT,SEND_PHONES
from "TH_ROBOT"."T_SMS_SEND_LOG"
where   CREATETIME   >=   to_date('2021-08-01   00:00:00','yyyy-MM-dd
HH24:mi:ss')
and   CREATETIME   <=   to_date('2021-12-24   00:00:00','yyyy-MM-dd
HH24:mi:ss')
and BUSI_TYPE_NAME = '电网异常'
order by CREATETIME desc;
```

（3）根据短信内容查询。查询 SQL 语句如下：

```
Select
CREATETIME,BUSI_TYPE_NAME,SEND_USER_ID,CONTENT,SEND_PHONES
from "TH_ROBOT"."T_SMS_SEND_LOG"
where   CREATETIME   >=   to_date('2021-08-01   00:00:00','yyyy-MM-dd
HH24:mi:ss')
and   CREATETIME   <=   to_date('2021-12-24   00:00:00','yyyy-MM-dd
HH24:mi:ss')
and CONTENT like '%异常%'
order by CREATETIME desc;
```

（4）根据手机号查询。查询 SQL 语句如下：

```
select
CREATETIME,BUSI_TYPE_NAME,SEND_USER_ID,CONTENT,SEND_PHONES
from "TH_ROBOT"."T_SMS_SEND_LOG"
where    CREATETIME    >=    to_date('2021-08-01    00:00:00','yyyy-MM-dd
HH24:mi:ss')
and    CREATETIME    <=    to_date('2021-12-24    00:00:00','yyyy-MM-dd
HH24:mi:ss')
and SEND_PHONES like 1234567890'
order by CREATETIME desc;
```

（5）根据接收人查询。查询 SQL 语句如下：

```
select
CREATETIME,BUSI_TYPE_NAME,SEND_USER_ID,CONTENT,SEND_PHONES
from "TH_ROBOT"."T_SMS_SEND_LOG"
where CREATETIME >= to_date('2021-08-01 00:00:00','yyyy-MM-dd HH24:
mi:ss')
and    CREATETIME    <=    to_date('2021-12-24    00:00:00','yyyy-MM-dd HH24:
mi:ss')
and SEND_USER_ID = 'xxljob'
order by CREATETIME desc;
```

6.9　应急响应统计数据核查

6.9.1　主网故障数据核查

主网故障统计内容如下：

"发生输电线路跳闸×条次，其中 500kV 及以上线路跳闸×条次、220kV
及以上线路跳闸×条次、110kV 及以上线路跳闸 X 条次、35kV 及以上线路跳
闸×条次。发生变电设备跳闸××条次，其中 220kV 设备跳闸×条次、110kV
设备跳闸×条次、35kV 设备跳闸×条次。"

（1）输电线路跳闸次数统计。查询 SQL 语句如下：

```
select count(*) from "TH_ROBOT"."T_ACCIDENT"
where OCCUR_TIME >= to_date('2021-01-01 00:00:00','yyyy-MM-dd HH24:
mi:ss')
```

```
and  OCCUR_TIME  <  to_date('2021-12-24  00:00:00','yyyy-MM-dd  HH24:
mi:ss')
and bitand (RESP_AREA,2097152)<>0;
```

（2）500kV 线路跳闸次数统计。查询 SQL 语句如下：

```
select count(*) from "TH_ROBOT"."T_ACCIDENT"
where OCCUR_TIME >= to_date('2021-01-01 00:00:00','yyyy-MM-dd HH24:
mi:ss')
and  OCCUR_TIME  <  to_date('2021-12-24  00:00:00','yyyy-MM-dd  HH24:
mi:ss')
and VOL_NAME = '500kV'
and bitand (RESP_AREA,2097152)<>0;
```

（3）220kV 线路跳闸次数统计。查询 SQL 语句如下：

```
select count(*) from "TH_ROBOT"."T_ACCIDENT"
where OCCUR_TIME >= to_date('2021-01-01 00:00:00','yyyy-MM-dd HH24:
mi:ss')
and  OCCUR_TIME  <  to_date('2021-12-24  00:00:00','yyyy-MM-dd  HH24:
mi:ss')
and VOL_NAME = '220kV'
and bitand (RESP_AREA,2097152)<>0;
```

（4）110kV 线路跳闸次数统计。查询 SQL 语句如下：

```
select count(*) from "TH_ROBOT"."T_ACCIDENT"
where OCCUR_TIME >= to_date('2021-01-01 00:00:00','yyyy-MM-dd HH24:
mi:ss')
and  OCCUR_TIME  <  to_date('2021-12-24  00:00:00','yyyy-MM-dd  HH24:
mi:ss')
and VOL_NAME = '110kV'
and bitand (RESP_AREA,2097152)<>0;
```

（5）35kV 线路跳闸次数统。查询 SQL 语句如下：

```
select count(*) from "TH_ROBOT"."T_ACCIDENT"
where OCCUR_TIME >= to_date('2021-01-01 00:00:00','yyyy-MM-dd HH24:
mi:ss')
and  OCCUR_TIME  <  to_date('2021-12-24  00:00:00','yyyy-MM-dd  HH24:
mi:ss')
and VOL_NAME = '35kV'
and bitand (RESP_AREA,2097152)<>0;
```

（6）变电设备跳闸次数统计。查询 SQL 语句如下：

```
select count(*) from "TH_ROBOT"."T_ACCIDENT"
where   OCCUR_TIME  >=  to_date('2021-01-01  00:00:00','yyyy-MM-dd
HH24:mi:ss')
and   OCCUR_TIME  <   to_date('2021-12-24  00:00:00','yyyy-MM-dd
HH24:mi:ss')
and (BAY_NAME like '%主变%') or (BAY_NAME like '%电容器%') or
(BAY_NAMElike '%电抗器%')
and bitand (RESP_AREA,2097152)<>0;
```

（7）220kV 变电设备跳闸次数统计。查询 SQL 语句如下：

```
select count(*) from "TH_ROBOT"."T_ACCIDENT"
where   OCCUR_TIME  >=  to_date('2021-01-01  00:00:00','yyyy-MM-dd
HH24:mi:ss')
and   OCCUR_TIME  <   to_date('2021-12-24  00:00:00','yyyy-MM-dd
HH24:mi:ss')
and (BAY_NAME like '%主变%') or (BAY_NAME like '%电容器%') or (BAY_NAME
like '%电抗器%')
and VOL_NAME = '220kV'
and bitand (RESP_AREA,2097152)<>0;
```

（8）110kV 变电设备跳闸次数统计。查询 SQL 语句如下：

```
select count(*) from "TH_ROBOT"."T_ACCIDENT"
where   OCCUR_TIME  >=  to_date('2021-01-01  00:00:00','yyyy-MM-dd
HH24:mi:ss')
and   OCCUR_TIME  <   to_date('2021-12-24  00:00:00','yyyy-MM-dd
HH24:mi:ss')
and (BAY_NAME like '%主变%') or (BAY_NAME like '%电容器%') or (BAY_NAME
like '%电抗器%')
and VOL_NAME = '110kV'
and bitand (RESP_AREA,2097152)<>0;
```

（9）35kV 变电设备跳闸次数统计。查询 SQL 语句如下：

```
select count(*) from "TH_ROBOT"."T_ACCIDENT"
where   OCCUR_TIME  >=  to_date('2021-01-01  00:00:00','yyyy-MM-dd
HH24:mi:ss')
and   OCCUR_TIME  <   to_date('2021-12-24  00:00:00','yyyy-MM-dd
HH24:mi:ss')
and (BAY_NAME like '%主变%') or (BAY_NAME like '%电容器%') or (BAY_NAME
```

```
like '%电抗器%')
and VOL_NAME = '35kV'
and bitand (RESP_AREA,2097152)<>0;
```

6.9.2 配网故障数据核查

配网故障统计内容如下：

"发生 10kV 总线停电×条，其中××地区×条，××地区×条，××地区×条，远方试送成功×条。"

（1）10kV 总线停电次数统计。查询 SQL 语句如下：

```
select count(*) from "TH_ROBOT"."T_ACCIDENT"
where   OCCUR_TIME   >=   to_date('2021-01-01   00:00:00','yyyy-MM-dd
HH24:mi:ss')
and  OCCUR_TIME  <  to_date('2021-12-24  00:00:00','yyyy-MM-dd  HH24:
mi:ss')
and bitand (RESP_AREA,2097152)=0;
```

（2）××地区 10kV 总线停电次数统计。查询 SQL 语句如下：

```
select count(*) from "TH_ROBOT"."T_ACCIDENT"
where   OCCUR_TIME   >=   to_date('2021-01-01   00:00:00','yyyy-MM-dd
HH24:mi:ss')
and  OCCUR_TIME  <  to_date('2021-12-24  00:00:00','yyyy-MM-dd  HH24:
mi:ss')
and AREA_NAME = '长兴地区'
and bitand (RESP_AREA,2097152)=0;
```

（3）10kV 总线停电（远方试送成功）次数统计。查询 SQL 语句如下：

```
select count(*) from "TH_ROBOT"."T_ACCIDENT"
where   OCCUR_TIME   >=   to_date('2021-01-01   00:00:00','yyyy-MM-dd
HH24:mi:ss')
and  OCCUR_TIME  <  to_date('2021-12-24  00:00:00','yyyy-MM-dd  HH24:
mi:ss')
and TRY_ON_RESULT = '远方试送成功'
and bitand (RESP_AREA,2097152)=0;
```

6.10　负载管控数据核查

6.10.1　主变负载数据核查

【负载管控】页面如图 6-35 所示，各项查询 SQL 语句如下。

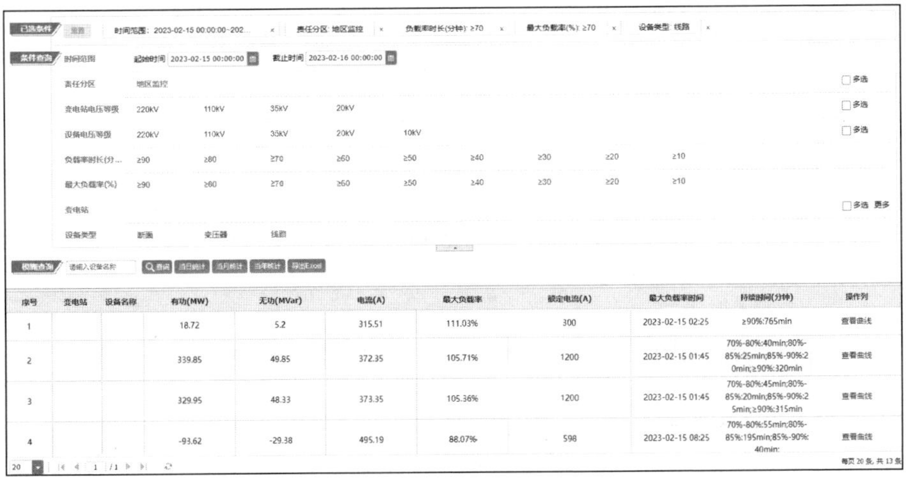

图 6-35　【负载管控】页面

（1）处理重过载主变表（C#）。

```csharp
public void Run()
{
    foreach (DataRow row in table_pms_zgz_zb.Rows)
    {
        string bdz = row["变电站"].ToString();
        string sb = row["设备"].ToString();
        string zdfzl = row["历史最大负载率(%)"].ToString();

        if (bdz.Length > 0)
        {
            note_pms_zgz_zb = bdz + sb + "(" + zdfzl + "%)" + "、";
        }
    }
```

```
        Console.WriteLine(note_pms_zgz_zb);
}
```

（2）短信发送（Python）。

```python
import sys
import pymysql, datetime
import time, dmPython


USER = 'HUZHOU'
PASSWORD = '123'
SERVER = '10.147.128.243'
PORT = 5236


def note_send(content, phones):
    content = content + '\n' + "发送时间: " +
str(datetime.datetime. now().strftime('%Y-%m-%d %H:%M:%S')) + '\n' + '
【生产指挥中心"数字大脑"】'
    try:
        conn = dmPython.connect(user=USER, password = PASSWORD, server =
SERVER, port=PORT)
        cursor = conn.cursor()
        sql = """
        insert  into  "TH_ROBOT"."T_SMS_SEND_TODO"("ID",  "BUSI_TYPE_
NAME", "BUSI_FROM_TAB", "BUSI_ID", "SEND_PHONES", "CONTENT", "SEND_
USER_ID", "SEND_STATUS", "AREANO", "ISDEL", "CREATETIME", "CREATEUSER",
"TIMING_SEND_TIME")
        VALUES('{}','手写短信', '-1', '-1', '{}', '{}', 'Employee_
1616488256351_CURXYE',0,'330500',0,'{}','湖州管理员','{}');
        """.format(
            str(int(time.time())),
            phones,
            content,
            datetime.datetime.now().strftime('%Y-%m-%d %H:%M:%S'),
            datetime.datetime.now().strftime('%Y-%m-%d %H:%M:%S')
        )
        cursor.execute(sql)
        cursor.close()
    except:
        print("【短信发送失败】")
```

```
        pass
if __name__ == "__main__":
    note_pms_zgz_zb = sys.argv[1]
    phones = sys.argv[2]
    content = '【当前重过载主变】' + note_pms_zgz_zb[:-1] + '。'
    note_send(content, phones)
```

（3）AI 语音（Python）。

```
import sys
import requests

if __name__ == "__main__":
    note_pms_zgz_zb = sys.argv[1]
    file_url = sys.argv[2]

    # 请求地址
    url = "http://25.90.179.117:80/post_ai_tts"

    # 文件内容
    content = note_pms_zgz_zb,
    # 语速
    spd = "80"
    # 音色
    vid = "68010"
    # 请求头
    headers = {
    "_api_name": "post_ai_tts",
    "_api_version": "1.0.0",
    "accessToken": "abef78f29f5411eca83d8de8d86ae62d"   # 用户 token
    }

    data = {
    "text":content,
    "spd": spd,
    "vid" : vid
    }

    # 获取响应结果
    response = requests.post(url, data = data, headers = headers)
```

```
        print(response.json()["file_url"])
        file_url = response.json()["file_url"]
```

（4）获取线路负载、主变油温数据（Python + SQL）。

```python
import dmPython

SQL = [

    # 线路重载
    """
    select * from "TH_ROBOT"."T_REAL_LOADFACTOR_ANAL_DATA"
    where equip_type = 'XL'
    and max_load >= 0.8
    and equip_name in (
        select equip_name from "TH_ROBOT"."MV_EQUIP_INFO"
      where bitand (resp_area, 2097152) <> 0
    )
    and rated_i > 100
    order by max_load desc;
    """,

    # 主变油温
    """
     select * from "TH_ROBOT"."T_REAL_LOADFACTOR_ANAL_DATA"
    where equip_type = 'BYQ'
    and equip_name like '%-高%'
    and max_oil >= 70
    and station_name in (
        select FAC_NAME from "TH_ROBOT"."EMS_FAC_INFO"
        where bitand (resp_area, 2097152) <> 0
    )
    order by max_oil desc;
    """
]
def robot_query(sql):
    try:
        conn = dmPython.connect(user = 'HUZHOU', password = '123', server =
'10.147.128.243', port = 5236)
        cursor = conn.cursor()
```

```
        cursor.execute(sql)
        data = cursor.fetchall()
        cursor.close()
        return data
    except Exception as e:
        print("【数据库查询失败】" + str(e))
        pass


if __name__ == "__main__":
    print(robot_query(SQL[0]))
    print(robot_query(SQL[1]))
```

（5）生成迎峰度夏日报（Python）。

```
#-*- coding:utf-8 -*-
import sys
import pandas as pd
from docx import Document


if __name__ == "__main__":
    today_str=sys.argv[1]

    df = pd.read_excel('C:\\Users\\user\\Desktop\\值班人员数据.xlsx')
    data = df[df['日期'] == today_str]

    doc = Document("C:\\Users\\user\\Desktop\\-迎峰度夏安全生产值班日报-
模板.docx")
    table_1 = doc.tables[0]
    table_1.cell(0,1).text = str(data.iloc[0][1])
    table_1.cell(1,0).text = '负责人员：{}'.format(str(data.iloc
[0][2]))
    table_1.cell(1,1).text = '值班人员：{}'.format(str(data.iloc
[0][3]))

    table_2 = doc.tables[1]
    count = 1
    for item in list(list_pms_zgz_zb):
    count += 1
    table_2.cell(count,0).text = item[0]
    table_2.cell(count,1).text = item[1]
```

```
table_2.cell(count,2).text = item[2]
table_2.add_row()
doc.save("C:\\Users\\user\\Desktop\\- 迎峰度夏安全生产值班日
```
报.docx")

（6）今日负载率大于 0.8。查询 SQL 语句如下：

```
select * from "TH_ROBOT"."T_REAL_LOADFACTOR_ANAL_DATA"
where equip_type = 'BYQ'
and equip_name like '%-高%'
and station_name in (
select FAC_NAME from "TH_ROBOT"."EMS_FAC_INFO"
where bitand (resp_area, 2097152) <> 0
)
and max_load >= 0.8
order by max_load desc;
```

（7）历史负载率大于 0.8。查询 SQL 语句如下：

```
select * from "TH_ROBOT"."T_LOADFACTOR_ANAL_DATA"
where equip_type = 'BYQ'
and equip_name like '%-高%'
and station_name in (
select FAC_NAME from "TH_ROBOT"."EMS_FAC_INFO"
where bitand (resp_area, 2097152) <> 0
)
and occur_day = to_date('2023-01-21 00:00:00','yyyy-MM-dd HH24:mi:ss')
and max_load >= 0.8
order by max_load desc;
```

（8）今日油温大于 75℃。查询 SQL 语句如下：

```
select * from "TH_ROBOT"."T_REAL_LOADFACTOR_ANAL_DATA"
where equip_type = 'BYQ'
and equip_name like '%-高%'
and station_name in (
select FAC_NAME from "TH_ROBOT"."EMS_FAC_INFO"
where bitand (resp_area, 2097152) <> 0
)
and max_oil >= 75
order by max_oil desc;
```

（9）今日油温大于 75℃。查询 SQL 语句如下：

```
select * from "TH_ROBOT"."T_LOADFACTOR_ANAL_DATA"
where equip_type = 'BYQ'
and equip_name like '%-高%'
and station_name in (
select FAC_NAME from "TH_ROBOT"."EMS_FAC_INFO"
where bitand (resp_area, 2097152) <> 0
)
and occur_day = to_date('2023-01-19 00:00:00','yyyy-MM-dd HH24:mi:ss')
and max_oil >= 75
order by max_oil desc;
```

6.10.2　线路负载数据核查

（1）今日负载率大于0.8。查询SQL语句如下：

```
select * from "TH_ROBOT"."T_REAL_LOADFACTOR_ANAL_DATA"
where equip_type = 'XL'
and station_name in (
    select FAC_NAME from "TH_ROBOT"."EMS_FAC_INFO"
    where bitand (resp_area, 2097152) <> 0
)
and max_load >= 0.8
order by max_load desc;
```

（2）历史负载率大于0.8。查询SQL语句如下：

```
select * from "TH_ROBOT"."T_LOADFACTOR_ANAL_DATA"
where equip_type = 'XL'
and station_name in (
    select FAC_NAME from "TH_ROBOT"."EMS_FAC_INFO"
    where bitand (resp_area, 2097152) <> 0
)
and occur_day = to_date('2023-01-27 00:00:00','yyyy-MM-dd HH24:mi:ss')
and max_load >= 0.8
order by max_load desc;
```

第 7 章

典 型 案 例

7.1 故障事件全过程案例

平台人机对话语音播报："220kV A 变 110kVAB1011 线保护动作、220kV A 变 110kVAB1011 线开关分闸；110kV B 变 110kV 备自投动作，AB1011 线开关分闸，110kV 桥开关合闸"，值班员通过对话框双击告警内容，快速进入故障处置页面，如图 7-1、图 7-2 所示。

图 7-1　220kV A 变故障处置页面

图 7-2　110kV B 变故障处置页面

　　故障处置页面首行已详细展示了故障时间、故障厂站、故障相别、保护动作情况、故障电流及故障测距，如图 7-3 所示。

图 7-3　220kV A 变故障情况

　　自动生成研判结果、处置策略如图 7-4 所示，供值班员参考。

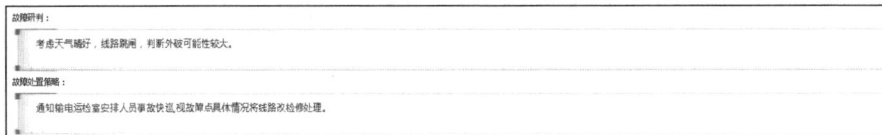

图 7-4　110kV B 变故障自动研判结果、处置策略

　　通过雷电定位系统查询雷雨天气时线路附近是否有落雷情况，如图 7-5 所示。

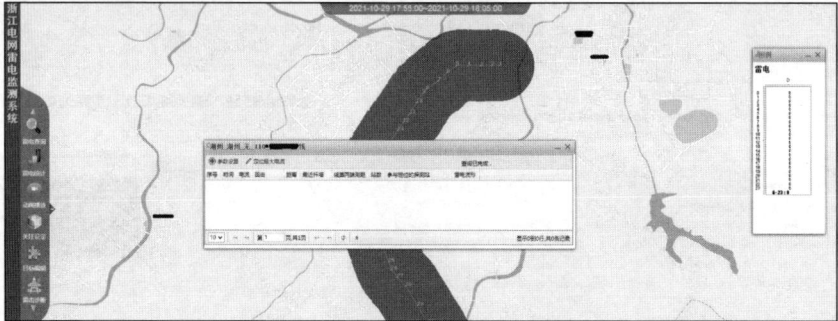

图 7-5　110kV B 变故障后雷电定位情况

故障录波画面展示了故障录波简报和故障曲线画面，直观展示出故障相别和保护动作重合情况，如图 7-6 所示。

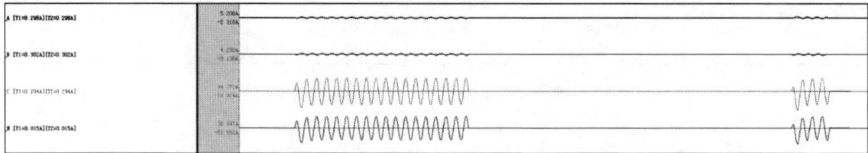

故障基本信息			
故障类型：	C相接地故障	跳闸相别：	ABC
故障位置（测距）：	6.873	故障范围（是否区内）：	区内
重合闸是否成功：		重合闸时间：	
最大故障电流（一次）：			7.606KAKA
最低故障电压（一次）：			37.749KVKV
最大故障电流（二次）：			31.693AA
最低故障电压（二次）：			34.317VV
二次倒电抗：			0.625
第一套保护动作时刻（毫秒）：			
第二套保护动作时刻（毫秒）：			
相对时间（毫秒）：			1.0
故障持续时间（毫秒）：			347.0
故障前一周(二次值；单位：A/V)			

图 7-6　220kV A 变 AB1011 线故障简报及故障波形图

生成故障简报，指平台根据简报格式自动生成一份简单报告，如图 7-7、图 7-8 所示，供人员快速补充完善事故报告。

关联记录页面有故障短信通知、检修单信息、操作票信息及电话通知记录。故障发生后，平台自动发送短信至相关人员，自动拨打语音电话给现场，并自动记录，同时自动调取当日 A 变现场工作和操作情况供值班员进行关联判断。

故障处置结束，进行人工归档。

A 变 AB1011 线故障简报

一．事故概述

(1) 故障发生时间：

2021-10-29 18:19:53

(2) 故障情况：

A 变：潮州其它地区 220kVA 变 AB1011 线 保护动作，开关跳闸，重合失败。

(3) 保护动作情况：

220kVA 变 AB1011 线保护动作，开关跳闸，重合失败。

二．事故处置过程

无

三．事故信号分析

A 变告警：

告警等级	发生时间	间隔名称	内容
事故	18:19:53	AB1011 线	AB1011 线保护动作 动作
事故	18:19:54	AB1011 线	AB1011 线保护重合闸动作 动作

四．变故障录波系统

A 变故障录波信息：

变电站名称：	浙江,A 变	间隔名称：	浙江.AB1011 线
录波器名称：	110kV#1 线路故障录波器	录波起始时间：	2021-10-29 18:19:55.0
故障零时刻：	null	故障类型：	C 相接地故障
跳闸相别：	135	故障位置（测距）：	6.873
故障范围：	区内	重合闸情况：	null
重合闸时刻（毫秒）：	null	第一套保护时刻：	null
第一套保护时刻：	null	最大故障电流（一次）：	7.606KA
最大故障电压（一次）：	31.693A	最低故障电压（一次）：	3T.740KV
最低故障电压（二次）：	34.317V	相间时刻（毫秒）：	1.0
故障类型-相别：	C	故障类型-是否接地：	是

五．故障报文

2021 年 10 月 29 日 18 时 19 分 53 秒 潮州其它地区 220kVA 变 AB1011 线 保护动作，开关跳闸，重合失败，故障调取为：C 相接地故障，重合闸成功，浙江.A 变侧故障测距 6.873 公里。

故障持续时间（毫秒）	34T.0	断路器分时刻（毫秒）	null
断路器合时刻（毫秒）	null	断路器再次分时刻（毫秒）	null

（下方为故障电流/电压等数据表，数值略）

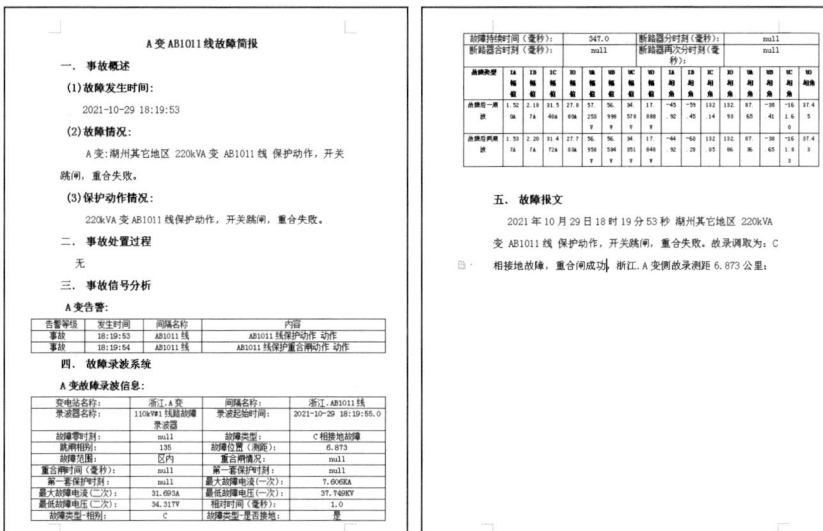

图 7-7　220kVA 变故障简报

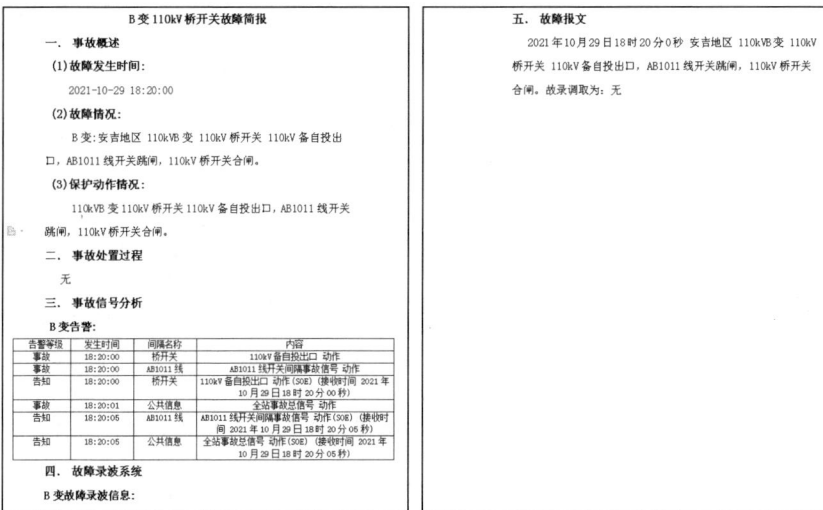

B 变 110kV 桥开关故障简报

一．事故概述

(1) 故障发生时间：

2021-10-29 18:20:00

(2) 故障情况：

B 变：安吉地区 110kVB 变 110kV 桥开关 110kV 备自投出口，AB1011 线开关跳闸，110kV 桥开关合闸。

(3) 保护动作情况：

110kVB 变 桥开关 110kV 桥开关 110kV 备自投出口，AB1011 线开关跳闸，110kV 桥开关合闸。

二．事故处置过程

无

三．事故信号分析

B 变告警：

告警等级	发生时间	间隔名称	内容
事故	18:20:00	桥开关	110kV 备自投出口 动作
事故	18:20:00	AB1011 线	AB1011 线开关间隔事故信号 动作
事故	18:20:00	桥开关	110kV 备自投出口 动作(SOE)（接收时间 2021 年 10 月 29 日 18 时 20 分 05 秒）
事故	18:20:01	公共信息	全站事故总信号 动作
告知	18:20:05	AB1011 线	AB1011 线开关间隔事故信号 动作(SOE)（接收时间 2021 年 10 月 29 日 18 时 20 分 05 秒）
告知	18:20:05	公共信息	全站事故总信号 动作(SOE)（接收时间 2021 年 10 月 29 日 18 时 20 分 05 秒）

四．故障录波系统

B 变故障录波信息：

五．故障报文

2021 年 10 月 29 日 18 时 20 分 0 秒 安吉地区 110kVB 变 110kV 桥开关 110kV 备自投出口，AB1011 线开关跳闸，110kV 桥开关合闸。故障调取为：无

图 7-8　110kV B 变故障简报

7.2　异常事件全过程案例

【案例 1】异常告警 10min 未复归

测试 1234 开关汇控柜温湿度控制设备故障动作，告警未复归时长超过

10min，异常处置流程如图 7-9 所示。

图 7-9 异常处置流程

（1）开始。平台获得测试 1234 关汇控柜温湿度控制设备故障的信息，在 10min 后仍未复归，则在异常处置界面新建一条异常处置的项目，启动后续的处理。

（2）通知值班员。平台通知当值，描述异常信号的具体情况，由值班员确认"测试 1234 开关汇控柜温湿度控制设备故障动作"是否确实为异常信号。

（3）通知调度/运维。若"测试 1234 开关汇控柜温湿度控制设备故障动作"信号确定为异常信号，则平台通知调度和运维人员。

（4）现场汇报。运维人员对异常信号进行检查后，向值班员进行汇报，明确产生异常信号的原因。

（5）填报缺陷。经现场检查，"测试 1234 开关汇控柜温湿度控制设备故障动作"确为现场某个缺陷所导致的信号动作，则值班员进行缺陷的填报。

（6）上报调度。填报缺陷后，值班员再次针对"测试 1234 开关汇控柜温湿度控制设备故障动作"异常信号的详细情况进行汇报，并汇报相关的缺陷问题。

（7）通知检修。系统通知相关检修人员进行缺陷的消缺工作。

（8）检修汇报。消缺结束后，检修人员进行汇报，明确缺陷已消除。

（9）归档。异常信号"测试 1234 开关汇控柜温湿度控制设备故障动作"处理结束，将该处置流程归档。

【案例2】异常告警频发

测试站 110kV 故障录播装置异常动作，1h 内有效告警频发 6 次，超出小时频发限值，平台将按图 7-10 所示流程进行处置。

图 7-10　频发告警处置流程

（1）开始。平台获得测试站 110kV 故障录播装置异常的信息，1h 内有效告警频发次数超过小时频发限制，则在异常处置界面新建一条异常处置的项目，启动后续的处理。

（2）通知。平台通知当值值班员，描述异常信号的具体情况，由值班员确认"测试站 110kV 故障录播装置异常动作"是否确实为异常信号。

（3）通知调度/运维。若"测试站 110kV 故障录播装置异常动作"信号确定为异常信号，平台会通知调度和运维人员。

（4）现场汇报。运维人员对异常信号进行检查后，向人员进行汇报，明确产生异常信号的原因。

（5）填报缺陷。经现场检查，"测试站 110kV 故障录播装置异常动作"确为现场某个缺陷所导致的信号动作，则值班员进行缺陷的填报，如图 7-11 所示。

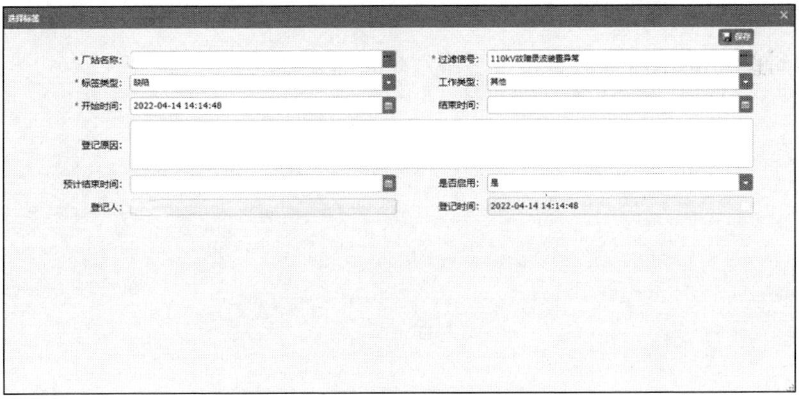

图 7-11　频发告警设置缺陷标签

（6）上报调度。填报缺陷后，值班员再次针对"测试站 110kV 故障录播装置异常动作"异常信号的详细情况进行汇报，并汇报相关的缺陷问题。

（7）通知检修。系统通知相关检修人员进行缺陷的消缺工作。

（8）检修汇报。消缺结束后，检修人员进行汇报，明确缺陷已消除。

（9）归档。异常信号"测试站 110kV 故障录播装置异常动作"处理结束，将该处置流程归档。

【案例3】越限告警事件

测试变 35kV Ⅱ 段母线 C 相电压幅值越正常下限，2min 后仍未恢复正常，平台将按图 7-12 所示流程进行处置。

图 7-12　越限告警处置流程

（1）开始。平台获得测试变 35kV Ⅱ 段母线 C 相电压幅值越正常下限的信息，在 2min 后仍未恢复正常，则在异常处置界面新建一条异常处置的项目，启动后续的处理。

（2）值班员已确认。平台通知当值值班员，描述越限信号的具体情况，同时会给出近期该间隔的电流曲线，如图 7-13 所示。值班员确认"测试变 35kV Ⅱ 段母线 C 相电压幅值越正常下限"是否需要处理。

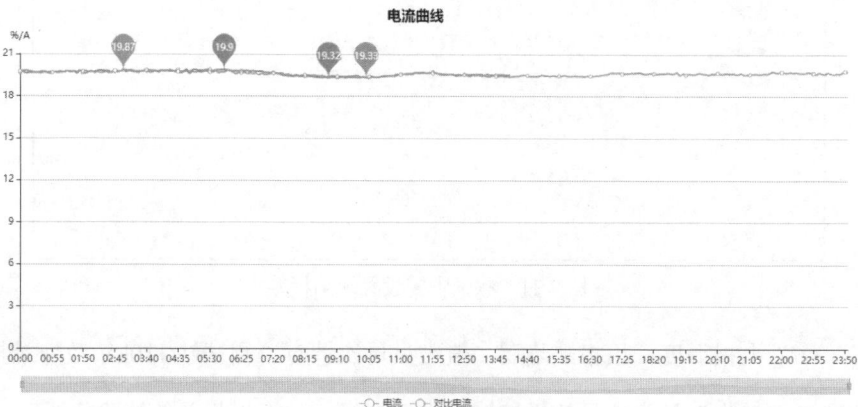

图 7-13　越限告警分析

（3）平台处理中。平台通过各种调节手段，对电压进行调节，使得测试变 35kV Ⅱ 段母线 C 相电压幅值恢复到正常范围内。

（4）平台已处理。平台对测试变 35kV Ⅱ 段母线 C 相电压幅值越正常下限的情况处理完毕，并通知值班员检查。

（5）越限状态已结束。检查完毕后，明确测试变 35kV Ⅱ 段母线 C 相电压幅值越正常下限的情况处理结束。

（6）归档。越限信号"测试变 35kV Ⅱ 段母线 C 相电压幅值越正常下限"处理结束，将该处置流程归档。

7.3　迎峰度夏主网设备管控案例

迎峰度夏期间，随着气温升高和负荷的攀升，容易出现多个主变和线路重载，以及主变由于天气炎热和负荷过高导致的温度过高情况。设备长时间处于重载、过热状态会加快元器件的老化，降低设备使用寿命，可能引起故障停电，严重影响供电安全和供电质量。

【案例1】主变重过载统计分析

主变重过载统计分析对主变的负载转移和增容改造有着十分重大的意义，通过统计分析可为各类措施的制定提供大数据支撑。

以下 SQL 语句实现：在给定的一段时间范围，统计分析各主变出现的重过载总天数、总时长和最大负载率。

```sql
select
station_name,
equip_name,
count(*),
sum(load80_90_times) + sum(load90_100_times) + sum(load100_times),
max(max_load)
```

```
from "TH_ROBOT"."T_LOADFACTOR_ANAL_DATA"
where equip_type = 'BYQ'
and equip_name like '%-高%'
and occur_day >= to_date('2023-01-01 00:00','yyyy-MM-dd HH24:mi')
and occur_day < to_date('2023-03-31 00:00','yyyy-MM-dd HH24:mi')
and max_load >= 0.8
and station_name in (
    select FAC_NAME from "TH_ROBOT"."EMS_FAC_INFO"
    where bitand (resp_area, 2097152) <> 0
)
group by station_name, equip_name;
```

【案例2】主变高油温统计分析

主变高油温的统计分析对主变的运维巡视有着十分重大的意义，通过统计分析可减轻运维人员的巡视负担。

以下 SQL 语句实现：在给定的一段时间范围，统计分析各主变出现的高油温总天数、总时长和最高油温。为主变设备巡视提供大数据支撑。

```
select
station_name,
equip_name,
count(*),
max(max_oil)
from "TH_ROBOT"."T_LOADFACTOR_ANAL_DATA"
where equip_type = 'BYQ'
and equip_name like '%-高%'
and occur_day >= to_date('2022-06-15 00:00','yyyy-MM-dd HH24:mi')
and occur_day < to_date('2022-09-15 00:00','yyyy-MM-dd HH24:mi')
and max_oil >= 70
and station_name in (
    select FAC_NAME from "TH_ROBOT"."EMS_FAC_INFO"
    where bitand (resp_area, 2097152) <> 0
)
group by station_name, equip_name;
```

某日某主变油温曲线如图 7-14 所示。

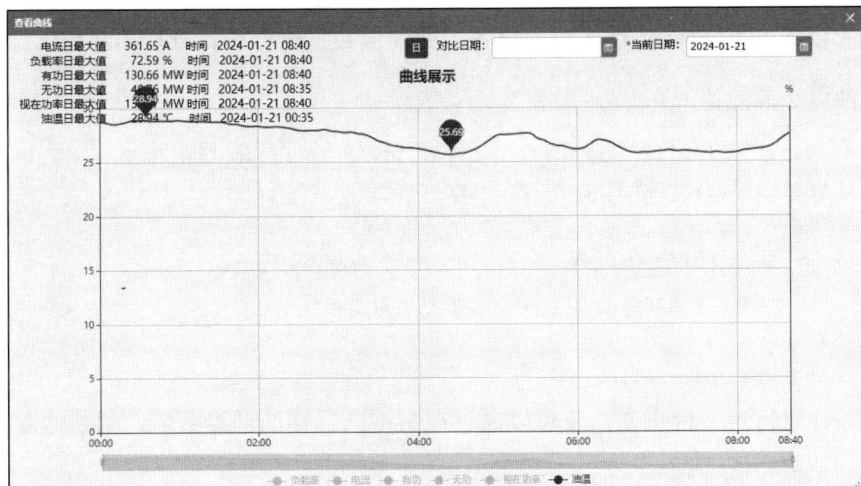

图 7-14　主变油温曲线

【案例3】主变油温异常统计分析

主变油温数据对判断主变是否正常运行意义十分重大，对主变油温异常统计分析可通过以下两种方式实现：

（1）统计分析当日主变油温的最大值和最小值，观察这两个值是否存在异常情况；

（2）统计分析某一时刻主变油温 1 和油温 2 的差值，该差值应该在一定的范围内合理波动，观察是否存在异常的波动情况。

以下 SQL 语句实现：对当前各主变油温数据进行统计分析，包括最大油温和最低油温。

```
select    max(oil),    min(oil),    substation_name,    trwd_name    from
"TH_ROBOT"."T_DTS_REAL_TRANSFORMERWINDING_20230509"
where substation_name in (
    select FAC_NAME from "TH_ROBOT"."EMS_FAC_INFO"
    where bitand (resp_area, 2097152) <> 0
)
and trwd_name like '%高%'
group by substation_name, trwd_name;
```

以下 SQL 语句实现：对当前各主变油温数据进行统计分析，计算油温 1 和油温 2 的差值。

```
select oil-oil2, substation_name, trwd_name from "TH_ROBOT". "T_DTS_
REAL_TRANSFORMERWINDING_20230509"
where substation_name in (
    select FAC_NAME from "TH_ROBOT"."EMS_FAC_INFO"
    where bitand (resp_area, 2097152) <> 0
)
and trwd_name like '%高%';
```

针对特定一台主变，还可以通过观察不同日期的油温数值，判断油温数据是否存在异常情况，如图 7-15 所示。

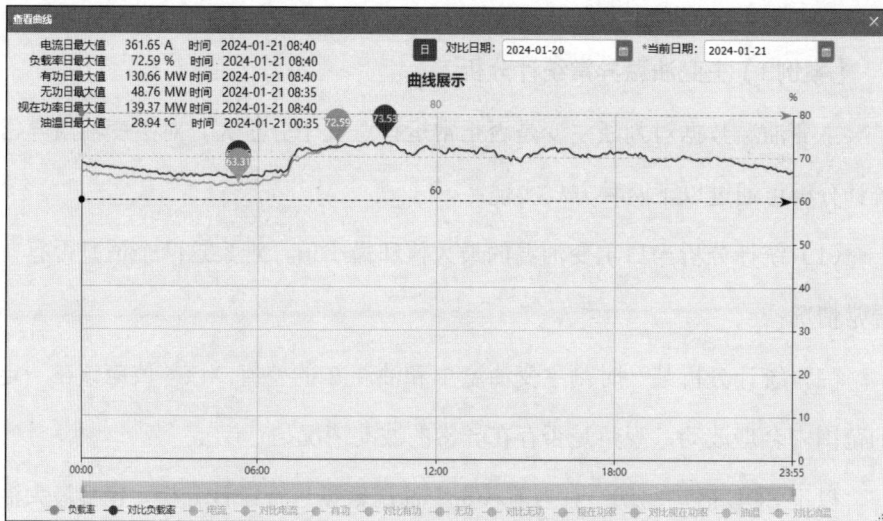

图 7-15　不同日期之间的主变油温曲线对比

【案例 4】线路重过载统计分析

线路重过载的统计分析对线路的运维巡视有着十分重大的意义，通过统计分析可减轻运维人员的巡视负担。

以下 SQL 语句实现：在给定的一段时间范围，统计分析各线路出现的重过载总天数、总时长和最大负载率。

```
select
station_name,
equip_name,
count(*),
sum(load80_90_times) + sum(load90_100_times) + sum(load100_times),
max(max_load)
from "TH_ROBOT"."T_LOADFACTOR_ANAL_DATA"
where equip_type = 'XL'
and occur_day >= to_date('2022-06-15','yyyy-MM-dd HH24:mi')
and occur_day < to_date('2022-09-15','yyyy-MM-dd HH24:mi')
and max_load >= 0.8
and station_name in (
    select FAC_NAME from "TH_ROBOT"."EMS_FAC_INFO"
    where bitand (resp_area, 2097152) <> 0
)
group by station_name, equip_name;
```

7.4　开关防拒动隐患管控案例

【案例1】电容器开关动作统计分析

电容器开关动作的统计分析对确保电网安全稳定运行至关重要，其重要性主要有以下几个方面：

（1）评估开关健康状态。通过动作次数可以反映开关的健康状态，频繁的动作意味着开关发生故障缺陷的可能性越高。

（2）优化 AVC 策略。通过动作次数优化 AVC 策略。

以下 SQL 语句实现：在给定的时间范围内，对电容器动作次数进行统计。

```
select * from
(
    select   count(*)   as   c,   ems_station_name,   ems_bay_name,
ems_equip_name, ems_equip_id from "TH_ROBOT"."EMS_HIS_YX_BW"
    where ems_equip_id in (
        select equip_id from "TH_ROBOT"."MV_EQUIP_INFO"
        where bitand (resp_area, 2097152) <> 0
```

```
        and equip_type = '断路器'
        and equip_name not like '%A 相%'
        and equip_name not like '%B 相%'
        and equip_name not like '%C 相%'
and equip_name not like '%电容器%'
    )
    group  by  ems_station_name,  ems_bay_name,  ems_equip_name,
ems_equip_id
) a
left join
(
    select * from "TH_ROBOT"."EQUIP_LAST_STATUS"
) b
on a.ems_equip_id = b.ems_equip_id
and    occur_time    >=    to_date('2024-01-01    00:00:00','yyyy-MM-dd
HH24:mi:ss')
and    occur_time    <    to_date('2024-01-02    00:00:00','yyyy-MM-dd
HH24:mi:ss')
order by c desc;
```

电容器动作次数统计分析页面如图 7-16 所示。

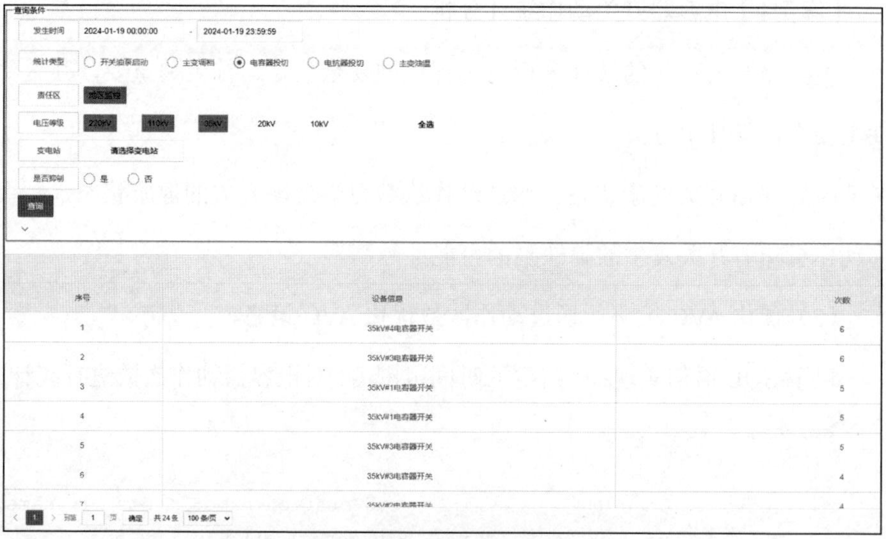

图 7-16　电容器动作次数统计分析页面

【案例2】油泵打压统计分析

对频繁打压的液压开关进行统计分析，将有助于预判可能发生的开关内部故障和缺陷。

以下 SQL 语句实现：在给定的时间范围内，对开关油泵打压次数进行统计。

```
select * from "TH_ROBOT"."EMS_HIS_RL_YX_WARN"
where content like '%打压%'
and content not like '%检修%'
and   occur_time   >=   to_date('2024-01-01   00:00:00','yyyy-MM-dd
HH24:mi:ss')
and   occur_time   <   to_date('2024-01-02   00:00:00','yyyy-MM-dd
HH24:mi:ss');
order by occur_time desc;
```

开关动作次数统计分析页面如图 7-17 所示。

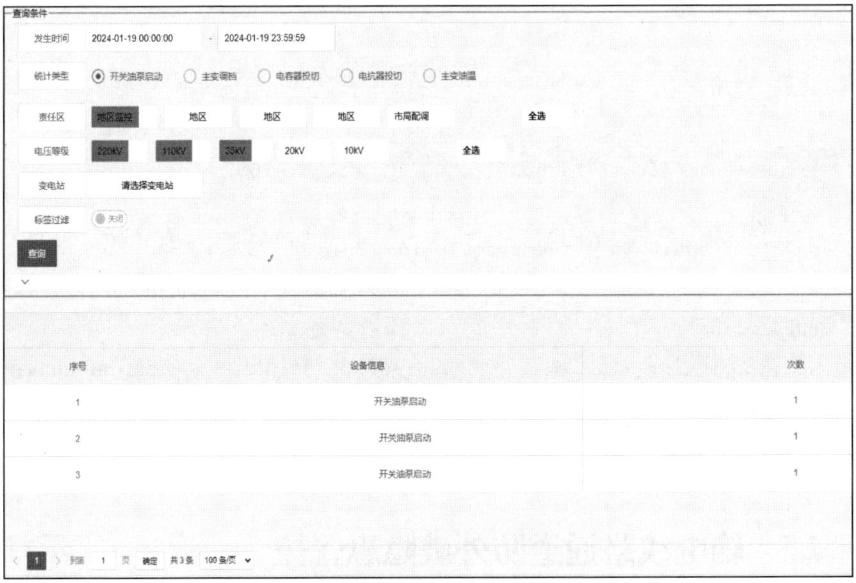

图 7-17 开关动作次数统计分析页面

【案例3】开关长时间未动作统计分析

对长时间未动作的开关进行统计分析，是开关防拒动隐患整治的重要举措，对近三年从未动作过的开关进行排查，将有效消除影响开关动作的隐患和缺陷。

以下 SQL 语句实现：在给定的时间范围内，对开关动作次数进行统计。

```
select * from
(
    select count(*) as c, ems_station_name, ems_bay_name, ems_equip_
name, ems_equip_id from "TH_ROBOT"."EMS_HIS_YX_BW"
    where ems_equip_id in (
        select equip_id from "TH_ROBOT"."MV_EQUIP_INFO"
        where bitand (resp_area, 2097152) <> 0
        and equip_type = '断路器'
        and equip_name not like '%A 相%'
        and equip_name not like '%B 相%'
        and equip_name not like '%C 相%'
    )
    group by ems_station_name, ems_bay_name, ems_equip_name,
ems_equip_id
) a
left join
(
    select * from "TH_ROBOT"."EQUIP_LAST_STATUS"
) b
on a.ems_equip_id = b.ems_equip_id
and occur_time >= to_date('2024-01-01 00:00:00','yyyy-MM-dd
HH24:mi:ss')
and occur_time < to_date('2024-01-02 00:00:00','yyyy-MM-dd HH24:mi:
ss')
order by c;
```

7.5 输电线路通道防外破隐患管控

输电线路防外破是当前电网公司的一项重要工作，防外破工作主要利用监拍告警和现场巡视结合实现。通过平台结合 RPA 的方式可实现监拍告警再自动提醒，实现短信发送，如图 7-18 所示。

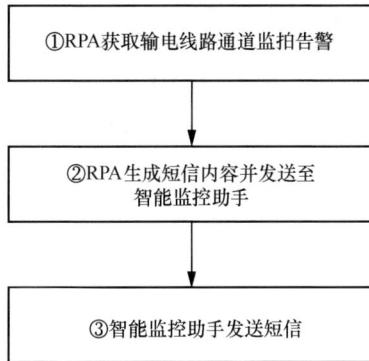

图 7-18 RPA 结合平台实现短信发送

以下 Python 语句实现：

```python
def message_send(content,phones):
    try:
        conn = dmPython.connect(user=USER,password=PASSWORD, server =
SERVER, port=PORT)
        cursor = conn.cursor()
        sql = """
        insert into
"TH_ROBOT"."T_SMS_SEND_TODO"("ID","BUSI_TYPE_NAME", "BUSI_FROM_TAB",
"BUSI_ID","SEND_PHONES","CONTENT","SEND_USER_ID","SEND_STATUS","ARE
ANO","ISDEL","CREATETIME","CREATEUSER","TIMING_SEND_TIME")
        VALUES('{}','手写短信','-1','-1','{}','{}', 'Employee_1616488
256351_CURXYE',0,'330500',0,'{}','','{}');
        """.format(
                str(int(time.time())),
                phones,
                content,
                datetime.datetime.now().strftime('%Y-%m-%d %H:%M:%S'),
                datetime.datetime.now().strftime('%Y-%m-%d %H:%M:%S')
            )
        cursor.execute(sql)
        cursor.close()
    except Exception as e:
        print("错误" + str(e))
        pass
```

以上平台和 RPA 的组合还可以运用许多需要短信通知的领域。

7.6　主变静态增容成效分析

2022 年，××公司完成 220kV××变电站主变增容改造，标志着国内首个 220kV 变压器静态增容改造工程顺利投运，为建设新型电力系统、助力区域能源消纳提供了示范样板。

以下语句实现：在给定的时间范围内，获取每个采样时刻（5min）主变的负载数据和油温数据。

```
select * from "TH_ROBOT"."T_DTS_REAL_TRANSFORMERWINDING"
where trwd_name like '%-高%'
and substation_name = 'XX 变'
and trwd_name like '%#X 主变%'
and  occur_time  >=  to_date('2023-01-19  00:00:00','yyyy-MM-dd
HH24:mi:ss')
and occur_time < to_date('2023-01-20 00:00:00','yyyy-MM-dd HH24:mi:
ss');
```

通过对比相同时间和相同负载下的主变油温数值，可以较为直观地展示出静态增容的效果，即在相同负载情况下增容后油温比增容前油温低 2～5℃，如图 7-19 所示，高温时长对比如图 7-20 所示，表明主变增容取得了良好的效果。

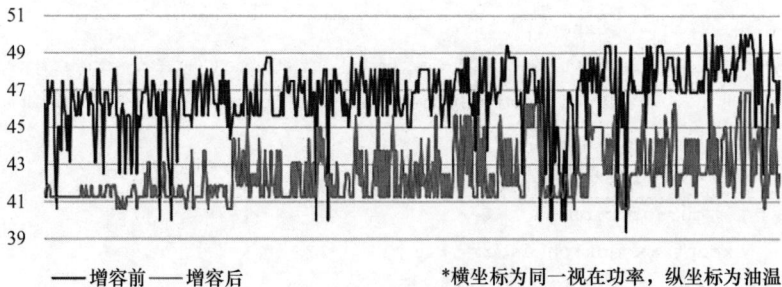

——增容前——增容后　　　　　　*横坐标为同一视在功率，纵坐标为油温

图 7-19　主变增容前后油温数值对比

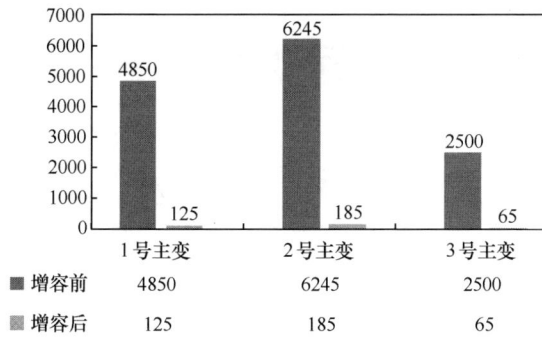

	1 号主变	2 号主变	3 号主变
■ 增容前	4850	6245	2500
▨ 增容后	125	185	65

图 7-20　主变增容前后高油温时长对比（单位：min）

第8章

应 用 开 发

8.1 选择 Python 开发工具

PyCharm 是一种 Python IDE,带有一整套可以帮助用户在使用Python语言开发时提高效率的工具，比如调试、语法高亮、项目管理、代码跳转、智能提示、自动完成、单元测试、版本控制。此外，该 IDE 提供了一些高级功能，以用于支持 Django 框架下的专业 web 开发。

登录网址 https://www.jetbrains.com/pycharm/下载 PyCharm，如图 8-1 所示。官方网站提供 Processional 专业版和 Community 社区版本两种版本进行下载，一般开发使用社区版即可。

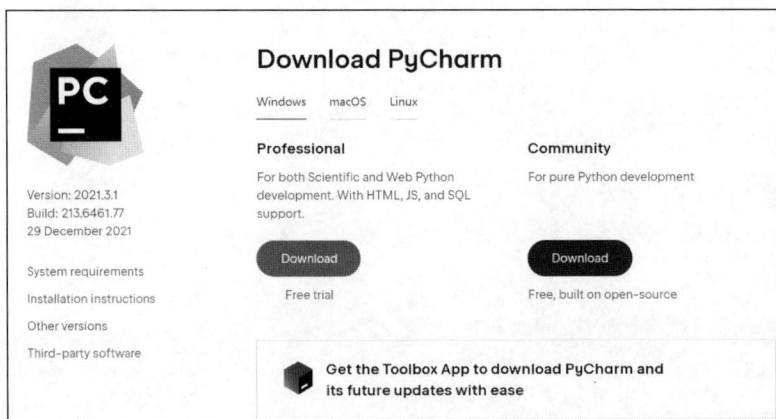

图 8-1　Python 开发工具下载

8.2　使用 Python 进行应用开发

dmPython 是达梦数据库提供的依据 Python DB API version 2.0 中 API 使用规定而开发的数据库访问接口。 dmPython 实现这些 API，使 Python 应用程序能够对达梦数据库进行访问。

dmPython 接口当前版本号为 2.3，表 8-1 说明了 dmPython 接口的版本与服务器版本和 Python 版本之间的对应情况。

表 8-1　　　　　　　　　　　　dmPython 版本对照表

dmPython 版本	DM Server 版本	Python 版本
2.3	7.0.0.9 以上	2.6 及以上

8.2.1　数据库连接

使用 Python 连接数据库语句一如下所示：

```
import dmPython
try:
    properties = {
    'user':'用户名','password':'密码','server':'数据库地址','port':
    端口号,'autoCommit':True,}
    conn = dmPython.connect(**properties)
except(e):
print("达梦数据库连接失败，失败原因:"+ e)
```

使用 Python 连接数据库语句二如下所示：

```
import dmPython
try:
    conn = dmPython.connect(user='用户名', password='密码, server='
        数据库地址', port=端口号, autoCommit=True)
except(e):
print("达梦数据库连接失败，失败原因"+ e)
```

常用连接关键字属性表如表 8-2 所示。

表 8-2 常用连接关键字属性表

关键字	描述
user	登录用户名，默认×××××
password	登录密码，默认 SYSDBA
server	主库地址，包括 IP 地址、localhost 或者服务名，默认 localhost
port	端口号，服务器登录端口号，默认××××

注 其他关键字请查看官方文档。

8.2.2 数据查询

使用 Python 查询数据语句如下所示：

```
import dmPython
try:
    conn = dmPython.connect(user='用户名', password='密码,
    server='数据库地址', port=端口号, autoCommit=True)
    cursor = conn.cursor()
    sql = """
    select * from "TH_ROBOT"."T_ACCIDENT"
    where OCCUR_TIME >= to_date('{}','yyyy-MM-dd HH24:mi:ss')
    and OCCUR_TIME <= to_date('{}','yyyy-MM-dd HH24:mi:ss')
    and bitand (resp_area,2097152) = 0
    order by OCCUR_TIME desc limit 50;
""".format(start,end)
    cursor.execute(sql)
    data = self.cursor.fetchall()
except(e):
    print("达梦数据库连接失败，失败原因:"+ e)
    pass
```

8.2.3 数据插入

使用 Python 向数据库插入数据语句如下所示：

```
import dmPython
try:
    conn = dmPython.connect(user='用户名', password='密码,
```

```
        server='数据库地址', port=端口号, autoCommit=True)
    cursor = conn.cursor()
    sql = """
        insert into "TH_ROBOT"."EMS_SCRB_XQ"("ID", "PEOPLE", "STATE",
"UNIT_1", "UNIT_2")
        VALUES({},'{}','{}','{}','{}');
    """.format(id,"people","state","unit_1","unit_2")
        cursor.execute(sql)
        cursor.close()
except(e):
    print("达梦数据库连接失败，失败原因："+ e)
    pass
```

8.2.4 数据更新

使用 Python 更新数据库某条数据语句如下所示：

```
import dmPython
try:
    conn = dmPython.connect(user='用户名',password='密码,   server='
数据库地址', port=端口号, autoCommit=True)
    cursor = conn.cursor()
    sql = """
    update "TH_ROBOT"."EMS_SCRB_XQ" set unit_1 = '{}' where id = {};
    """.format(unit_1,id)
    cursor.execute(sql)
    cursor.close()
except(e):
    print("达梦数据库连接失败，失败原因："+ e)
    pass
```

8.2.5 数据删除

使用 Python 删除数据库某条数据语句如下所示：

```
import dmPython
try:
    conn = dmPython.connect(user='用户名',password='密码, server='数
据库地址', port=端口号, autoCommit=True)
```

```
    cursor = conn.cursor()
    sql = """
    delete from "TH_ROBOT"."EMS_SCRB_XQ" where id = {} ;
""".format(id)
    cursor.execute(sql)
    cursor.close()
except(e):
        print("达梦数据库连接失败，失败原因："+ e)
    pass
```

8.3 使用 Java 进行应用开发

除使用 Python 进行开发之外，还可以使用 Java 进行开发。开发工具同样可以使用 JetBrains 公司的 IntelliJ IDEA。

使用 Java 开发应用常用包如下所示：

```
//使用到的 Java 包
import java.sql.Connection;
import java.sql.DriverManager;
import java.sql.ResultSet;
import java.sql.SQLException;
import java.util.ArrayList;
import java.util.List;
```

使用 Java 连接达梦数据库语句如下所示：

```
// 连接数据库函数
private java.sql.Statement connect() throws ClassNotFoundException,
SQLException {
    Class.forName("dm.jdbc.driver.DmDriver");
    Connection connection =
    DriverManager.getConnection("jdbc:dm://数据库地址:端口号", "用户名",
"密码");
        java.sql.Statement statement = connection.createStatement();
        return statement;
    }
```

使用 Java 查询达梦数据库语句如下所示：

```
// 查询数据库函数
private void query() throws SQLException {
    String sql =
    "select * from TH_ROBOT.ems_real_rl_yx_warn " + "where
    occur_time >= to_date('" + START_TIME + "','yyyy-MM-dd
    HH24:mi:ss')" + "and occur_time < to_date('" + END_TIME + "',
'yyyy-MM-dd HH24:mi:ss')" + "and bitand        (resp_area,2097152)=0;";
    ResultSet rs = statement.executeQuery(sql);
    while (rs.next()) {
        System.out.println(rs.getString("content"));
    }
}
```

附录1

故障简报样例

××变××线故障简报

一、事故概述

故障发生时间：××××-××-×× ××：××：××。

故障情况：××变，××地区，××变，××线，第一套保护动作，第二套保护动作，三相跳闸。

保护动作情况：××变××线，第一套保护动作，第二套保护动作，三相跳闸。

二、事故处置过程

无

三、事故信号分析

××变告警：

告警等级	发生时间	间隔名称	内容
告知	11:03:52	公共信号	220kV 故障录波装置启动 动作
告知	11:03:55	公共信号	110kV 故障录波装置启动 动作
异常	11:03:57	220kV 第二套母差保护	220kV 母线第二套保护装置异常 动作
事故	11:03:59	××线	××线第一套保护动作 动作
事故	11:04:02	××线	××线第二套保护动作 动作
变位	11:04:04	××线	××线开关A相位置 分闸
事故	11:04:06	××线	××线第一套保护动作 复归
异常	11:04:09	220kV 第二套母差保护	220kV 母线第二套保护装置异常 复归
事故	11:04:11	××线	××线第一套保护重合闸动作 动作
异常	11:04:13	220kV 第二套母差保护	220kV 母线第二套保护装置异常 动作

续表

告警等级	发生时间	间隔名称	内容
异常	11:04:16	××线	××线开关控制回路断线 动作
变位	11:04:18	××线	××线开关 分闸
变位	11:04:20	××线	××线开关 B 相位置 分闸
变位	11:04:23	××线	××线开关 C 相位置 分闸
事故	11:04:25	××线	××线第一套保护动作 动作
事故	11:04:27	××线	××线第一套保护重合闸动作 复归
异常	11:04:30	××线	××线开关控制回路断线 复归
事故	11:04:32	××线	××线第一套保护动作 复归
异常	11:04:34	220kV 第二套母差保护	220kV 母线第二套保护装置异常 复归
告知	11:04:37	公共信号	220kV 故障录波装置启动 复归
告知	11:04:39	公共信号	110kV 故障录波装置启动 复归

四、故障录波系统

××变故障录波信息：

A 相接地故障，重合闸成功，浙江.××变侧故录测距××km。

五、故障报文

××××-××-×× ××:××:××，××地区，220kV，××变，××线，第一套保护动作，第二套保护动作，三相跳闸。故录调取为：A 相接地故障，重合闸成功，浙江.××变侧故录测距××km。

附录2
电 网 生 产 信 息 日 报

×××× 年 ×× 月 ×× 日 　　星期×

一、天气预报

序号	日期	天气	温度(℃)	风力风向	空气质量

二、生产工作跟踪情况

三、新设备启动情况

四、特高压及跨区直流线路负荷情况

昨日特高压及跨区直流线路负荷情况正常。

线路名称	××线	××线	××线	××线	××线	××线	××线	××线	××线	××线	××线
电压等级	1000kV	1000kV	1000kV	1000kV	1000kV	1000kV	±500kV	±500kV	±500kV	±800kV	±800kV
输送限额	/	/	/	/	/	/	/	/	/	/	/
最高负荷	/	/	/	/	/	/	/	/	/	/	/
负荷率	/	/	/	/	/	/	/	/	/	/	/
潮流方向	/	/	/	/	/	/	/	/	/	/	/

五、设备故障跳闸情况

××月××日××时至××月××日××时，35kV 及以上输变电设备故障跳闸×条次。

序号	所属单位	变电站	设备名称	电压等级	跳闸时间	故障相别	保护和自动装置动作情况	故障电流（A）	主变短路电流百分比	送出时间	故障原因

六、设备异常告警情况

××月××日××时至××月××日××时，主网集中设备告警（不含告知）×条次，其中认定缺陷×项。

序号	事故	异常信息	越限	变位	确认缺陷	备注

七、设备缺陷情况

1．××月××日××时至××月××日××时，公司输变电设备发生严重及以上缺陷总计×项，其中危急缺陷×项，严重缺陷×项。

序号	变电站/线路	发现时间	缺陷部位	缺陷描述	处理情况	缺陷性质	备注

2．××月××日××时至××月××日××时，公司输变电设备完成存量消缺×项。

序号	变电站/线路	发现日期	处理日期	缺陷描述	缺陷性质	处理过程

八、设备远方遥控操作情况

××月××日××时至××月××日××时，主网设备远方遥控操作×项，遥控成功率为×%。

序号	设备	操作时间	操作任务	备注

九、生产工作情况

××月××日××时至××月××日××时，共涉及设备停役执行完毕工作×项，已取消工作×项。

序号	工作地点	停役时间	复役时间	工作内容	停役设备状态	工作单位	许可时间	结束时间	工作负责人	备注

十、今日生产计划

1. 今日计划工作共×项。今日停役工作×项。今日取消工作×项。

序号	工作地点	停役时间	复役时间	工作内容	停役设备状态	工作单位	备注

2. 延续性停役工作×项。

序号	工作地点	停役时间	复役时间	工作内容	停役设备状态	工作单位	许可时间	工作开始时间	工作负责人	备注

十一、明日生产计划

明日计划停役工作×项。

序号	工作地点	停役时间	复役时间	工作内容	停役设备状态	工作单位	备注

编制人：××

附录 3

电 网 生 产 信 息 周 报

××××年第××周（××××年××月××日—××月××日）

一、天气情况

序号	日期	天气	温度(℃)	风力风向	空气质量

二、生产工作跟踪情况

三、设备故障跳闸情况

序号	变电站	设备名称	跳闸时间	保护和自动装置动作情况	故障电流(A)	故障相别	现场检查情况	恢复供电

四、设备运行异常情况

五、设备缺陷情况

1. ××月××日××时至××月××日××时，中心新受理严重及以上缺陷×项，其中危急缺陷×项，严重缺陷×项；完成处理×项。

序号	变电站/线路	缺陷等级	发现时间	设备名称	缺陷描述	处理情况	备注

2. ××月××日××时至××月××日××时，完成存量缺陷处理×项。

序号	变电站/线路	缺陷等级	发现时间	处理时间	设备名称	缺陷描述	处理情况

3. ××月××日××时至××月××日××时，中心受理存量未处理严重及以上缺陷×项，其中超期未消缺×条。

序号	变电站/线路	缺陷等级	发现时间	设备名称	缺陷描述	处理情况	责任单	是否超期	备注

六、设备异常告警情况

1．告警信号分析

××月××日××时至××月××日××时，主网集中设备告警（不含告知）×条次，认定缺陷×项。

序号	事故	异常	越限	变位	告知	确认缺陷	备注

2．设备/断面越限情况

（1）主变越限统计

序号	变电站	主变	油温	负载率	发生时间	最大负载率	最大负载率时间	越限次数	电流/有功/视在	额定值	原因分析

（2）线路越限统计

序号	起止变电站	线路	负载率	发生时间	最大负载率	最大负载率时间	越限次数	电流/有功/视在	额定值	原因分析

（3）断面越限统计

序号	变电站	断面	负载率	发生时间	最大负载率	最大负载率时间	越限次数	电流/有功/视在	额定值	原因分析

3．变电站异常告警信息分析

序号	变电站	频繁/异常告警信息名称	条数	原因及处置分析	暂时措施

4．遥控操作统计分析

系统名称	设备名称	成功次数	遥控成功率	遥控操作不成功原因
AVC 系统	容抗器			
AVC 系统	主变调档			
人工				

5．职责移交情况

序号	变电站(设备)	权下放时间	权收回时间	控制权下放时间	控制权收回时间	职责移交原因

七、设备远方遥控操作情况

××月××日××时至××月××日××时，人工遥控远方操作×次，失败×次，成功率×%。

序号	设备	操作时间	操作任务	备注

八、检修计划执行情况

××月××日××时至××月××日××时，共下达计划停电工作×项。截至××月××日××时，完成工作×项，进行中×项，×项未开展，本周计划执行率×%。

序号	变电站/线路	检修内容	停役设备状态	工作开始时间	工作结束时间	停电天数	完成情况

九、电网风险管控

1．电网风险情况

开始日期	停电设备及工期	工作内容	运行风险分析	结束日期	电网风险等级	备注

2．作业风险情况

××-××生产检修改造现场作业风险三级及以上共计×条，其中二级×条，三级×条。

开始日期	停电设备及工期	工作内容	运行风险分析	结束日期	电网风险等级	备注

十、特高压及跨区直流线路负荷情况

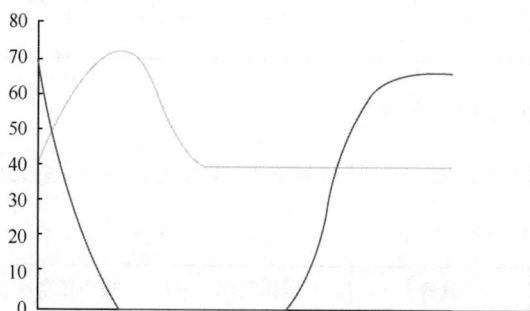

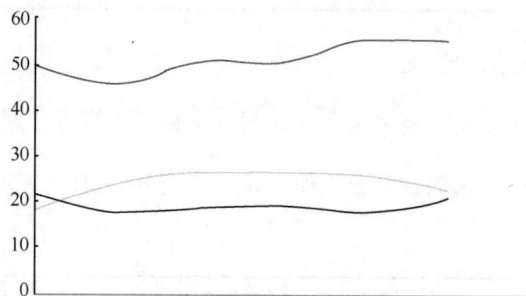

特高压直流线路最大负荷率曲线

编制人：××

附录4

电 网 生 产 信 息 月 报

×××× 年第 ×× 周（×××× 年 ×× 月 ×× 日— ×× 月 ×× 日）

一、输变电设备概况

（一）输变电设备规模

截至 × 月 ×× 日，管辖在运变电站 × 座，变电容量 × 兆伏安；输电线路 × 条，线路长度 × 千米；其中电缆 × 条，电缆总长 × 千米。

表 1   × 年 × 月变电站统计清单

序号	电压等级（kV）	市本级		长兴		安吉		小计	
		数量	容量（MVA）	数量	容量（MVA）	数量	容量（MVA）	数量	容量（MVA）
	500								
	220								
	110								
	35								
	合计								

表 2   × 年 × 月输电线路统计清单

序号	输电线路电压等级（kV）	本月情况		上月同期	
		数量（条）	线路长度（千米）	数量（条）	线路长度（千米）
	1000				
	±800				
	±500				
	500				
	220				
	110				
	35				
	合计				

表3　　　　　　　　　　　　在运电缆线路长度

序号	输电电缆电压等级（kV）	本月情况		上月同期	
		数量（条）	线路长度（千米）	数量（条）	线路长度（千米）
	220				
	110				
	35				
合计					

（二）新设备投产启动情况

表4　　　　　　　　　　　　新设备投产情况

序号	变电站/线路	项目名称	启动设备名称	完成时间	备注

二、电网运行情况

（一）湖州电网运行情况

　　××月××日至××日，湖州电网运行情况总体平稳，统调最高负荷达到×MW，出现时间×月×日12时×分，同比去年同比增长××%；全社会最高负荷达到×MW。

（二）特高压及跨区直流线路运行情况

　　截至×月××日，特高压及跨区直流线路输送最大负荷如下表，特高压及跨区交直流线路负荷情况正常，其中××线最大负荷超90%。

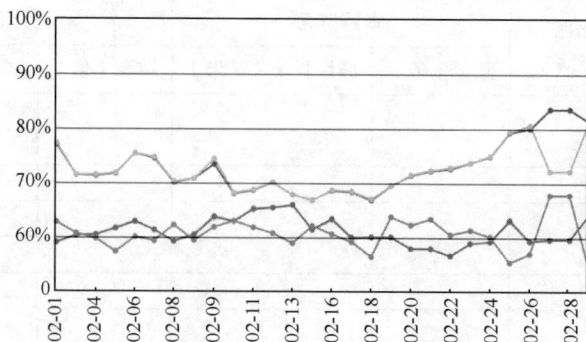

图1　特高压交流线路最大负荷率曲线

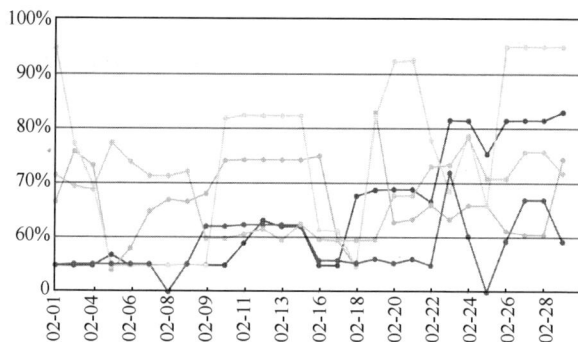

图 2　特高压直流线路最大负荷率曲线

表 5　　　　　　　　　　特高压及跨区直流线路负荷情况

线路名称	×× Ⅰ线	×× Ⅱ线	×× Ⅰ线	×× Ⅱ线	×× Ⅰ线	×× Ⅱ线	×× 线	×× 线	×× 线	×× 线	×× 线
电压等级（kV）											
输送限额（MW）											
最高负荷（MW）											
最高负荷率											
潮流方向											

（三）输变电设备跳闸/运行异常情况

截止×月××日，本月发生输变电线路故障跳闸×条次，与去年同期相比增加×条次。

表 6　　　　　　　　　2023 年输变电设备跳闸情况

运维单位	±800 千伏	±500 千伏	500 千伏	220 千伏	110 千伏	35 千伏	汇总
输电运检中心							
超高压变电运检中心							
变电运维中心							
长兴公司							
德清公司							

续表

运维单位	±800千伏	±500千伏	500千伏	220千伏	110千伏	35千伏	汇总
安吉公司							
用户							
总计							

1．35kV××线故障跳闸情况

2023年×月×日×时×分×秒，×变×线距离Ⅰ段保护动作，开关跳闸，重合成功。

巡视情况：

故障原因：

抢修及恢复情况：

2．220kV××线故障跳闸情况

2023年×月×日×时×分×秒×变×线第一套保护动作，第二套保护动作，A相故障，A相跳闸，重合闸动作，重合失败，三相跳闸。

巡视情况：

故障原因：

抢修及恢复情况：

3．500kV××线故障跳闸情况

2023年×月×日×时×分×秒，×变××5线故障跳闸，开关三相跳闸，重合失败。

巡视情况：

故障原因：

抢修及恢复情况：

4．±800kV××线故障跳闸情况

2023年×月×日×时×分×秒，×线极Ⅱ闭锁。故障前输送功率×MW。

×时×分，极Ⅱ高端重启成功，故障后输送功率×MW，故障后极Ⅰ低端、极Ⅱ高端双阀组×kV 大地回线方式运行。

巡视情况：

故障原因：

抢修及恢复情况：

（四）遥控操作情况

本月监控远方倒闸操作总计×次，主要为配合电网方式调整操作。操作成功×次，操作成功率 100%。

表 7　　　　　　　　　　监控远方遥控操作统计表

电压等级	监控远方操作		
	总次数	成功次数	遥控成功率
220			
110			
35			
合计			

（五）告警信息情况

本月上窗四类告警信息×条次，日均×条次。

表 8　　　　　　　　　　主网设备告警信息统计表

统计月份	事故信息	异常信息	越限信息	变位信息	四类信息总和

四类告警主要情况分析：

1. 事故信息：

2. 异常信息：

3. 越限信息：

4. 变位信息：

（六）变电站视频摄像头巡查情况

本月共巡查视频×台，其中离线异常×台，视频在线率×%（上期×%），其中上期遗留×项。

表 9　　　　　　　　　　变电站视频摄像头缺陷情况统计表

序号	变电站	设备名称	在离线状态
1			
2			
3			
4			
5			

（七）电容器、电抗器AVC动作情况

统计本月电容器、电抗器开关动作超 160 次（开关分合算两次）的共×台（电容器×台，电抗器×台）。其中 35 千伏电容器×台，同电压等级电容器占比×%，主要集中在××变、××变、××变、××变；10 千伏电容器×台，同电压等级电容器占比×%，其中市本级×台，长兴公司×台，德清公司×台，安吉公司×台，主要原因为××。

表 10　　　　　　　　　电容器、电抗器 AVC 动作情况统计表

序号	开关名称	动作次数	原因分析及措施建议
1			
2			
3			
4			
5			

（八）输电可视化监拍设备告警情况

×月×日至×日通道监拍设备总共告警×条，已确认隐患×条。其中吊机施工引起×条，泵车作业引起×条。

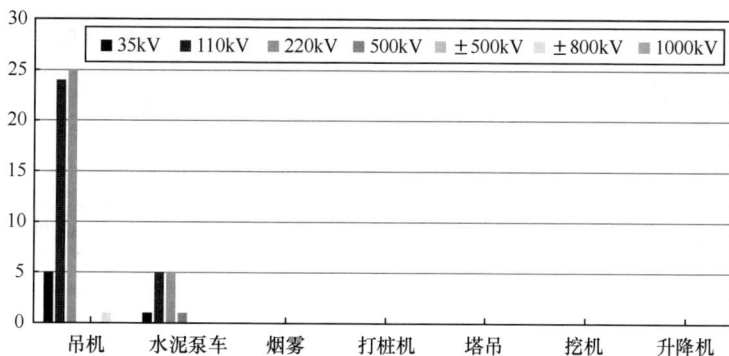

图 3　通道监拍设备告警情况

三、检修计划执行情况

（一）计划执行情况

本月发布输变电设备生产计划×项，截止×月×日，增加临时检修计划×项，总计×项。已完成×项计划（月计划完成×项，新增完成×项），取消×项，进行中×项，待开展×项，月度计划执行进度为×%，月度计划执行情况详见附件。

（二）×月计划变更情况

截至×月×日，本月计划变更×项，其中计划新增×项，取消×项，延期×项。

新增×项：

取消×项：

延期×项：

四、变电设备缺陷统计分析

（一）变电设备消缺情况评价

各变电运维和监控人员加强对变电设备的巡视、信息监控，发现并及时处理了××变扬傅××线发热缺陷。

已安排过的消缺任务，未消除的如下表所示。各检修单位要对表中已安排但未处理的缺陷抓紧时间落实备品备件和消缺计划，特别是部分缺陷自首次安排消缺以来已过半年尚未处理完成，请各单位引起重视。

表 11　　　　　　　　已安排过消缺任务仍未消除的缺陷清单

序号	变电站	缺陷描述	未消除原因	首次安排消缺时间	当前状态
1					
2					
3					
4					
5					

（二）消缺及时率指标管控

根据省公司 2023 年第×次变电双周例会通报，消缺及时率达×%，全省排名并列第×。请各单位继续加强缺陷处置工作，做到尽快处置、尽早闭环。

表 12　　　　　　　省公司通报各地市当月缺陷数据清单

排名	所属单位	危急缺陷	严重缺陷	合计	消缺及时率

表 13　　　　　　　本月各单位消缺情况统计（PMS3.0 数据）

单位名称	危急缺陷	严重缺陷	一般缺陷	严重及以上缺陷消缺及时率	一般缺陷消缺及时率
市本级					
德清公司					
安吉公司					
长兴公司					

（三）辅控装置整体在线率指标管控

根据省公司第×次变电双周例会通报，重要辅控装置在线率×%（油色谱在线监测装置），请各单位继续保持情况。

（四）其他工作提醒

五、安全督查情况

（一）本月安全风险管控情况

1．本月电网安全风险管控情况

公司本月六级及以上电网风险×条，其中五级风险×条，六级风险×条。安全督查应覆盖×项，实际覆盖×项，覆盖率×%；领导人员到岗到位×项，覆盖率×%；管理人员到岗到位×项，覆盖率×%；发现×项问题。

2．本月作业安全风险管控情况

公司系统本月执行三级及以上作业风险×项，高风险到岗到位率×%；高风险作业视频覆盖率为×%，高风险安全督查覆盖率为×%，因××原因，导致×条高风险作业显示视频巡视不在线，×条高风险作业远程督查未覆盖。

过程资料报送率×%，项目管理中心×条、德清×条、长兴×条、南太湖×条、变电运维×条、变电检修×条、输电运检×条、送变电×条过程资料报送不及时计划；

作业状态准确率×%，项目管理中心×条，变电检修×条、输电运检×条不准确计划，未在当日开工；

工作负责人打卡签到率×%，项目管理中心×条、变电检修×条、变电运维×条、送变电×条、客服×条、吴兴×条负责人签到异常计划；

计划上报及时性×%，剔除抢修计划后，上报及时性为×%，项目管理中心×条、送变电×条、南太湖×条、德清×条、科信公司×条上报不及时计划。

作业视频覆盖率均为×%，作业视频覆盖率算法为过渡阶段，目前还在不断更新中，系统内有×条视频巡视不在线计划。

（二）反违章工作情况

本月，国网公司远程督查×次（项目管理中心×变电站扩建工程作业现场），发现严重违章×项，一般违章×项，问题×项；省公司共计督查×次，发现严重违章×项，一般违章×项，问题×项。

公司安全督查中心查处严重违章×项，一般违章×项，发现问题×项。本月作业现场违章查处率为×%。具体违章问题汇总见附件。

六、重点工作任务通报

（一）主网项目竣工资料移交管控通报

1. ×月竣工资料移交总体情况：

共完成归档移交×项

截至×月×日，共收集×年后投运的竣工资料移交管控项目×项，按照竣工资料移交时限要求，需×月底前完成移交项目×项（移交期限以项目整体投运后四个半月为准），截至×月×日，移交完成×项，动态移交完成率×%。剩余×项，其中基建×项、迁改×项，如下表所示。

表 14　　　　　　期限在 2023 年×月底前的未移交项目清单

序号	项目名称	工程类别	项目管理部门	施工单位	移交期限	备注
1	浙江湖州×× 220 千伏输变电工程	基建				
2	××电力迁改工程	迁改				
3	××电力迁改工程	迁改				
4	××电力迁改工程	迁改				
5	湖州××变电站 第三台主变扩建工程	基建				
6	××变输变电工程	基建				

2. ×月计划进度完成情况通报：原计划 2023 年×月底前完成相关工作：泰仑送变电完成率×%，未完成×项；浙江火电完成率×%，未完成×项；浙江省送×%，未完成×项。

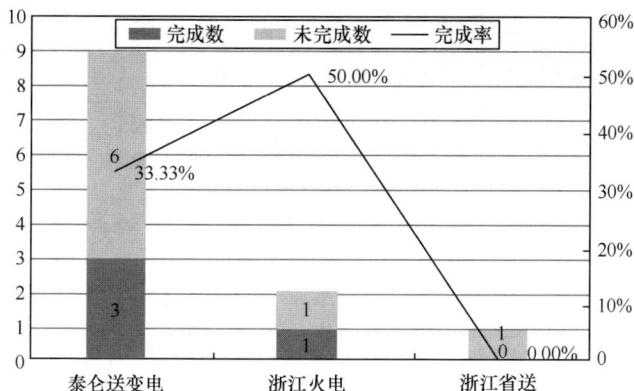

图 4　×年×月计划进度完成情况表

3．×月计划移交工作提醒：除以上未完成的×项外，计划 2023 年×月底前应完成暂未移交的项目还有×项，为基建工程。

表 15　　　　　　　　期限在×年×月的未移交项目清单

序号	项目名称	工程类别	项目管理部门	施工单位	移交期限	备注
1						
2						
3						
4						

（二）变电数字化推广应用情况通报

指挥中心持续开展 PMS3.0 变电数字两票、缺陷、巡视、设备维护、修试记录、试验报告及检修方案审批等模块推广应用情况管控。

1．移动作业率通报：工作票、巡视、专业巡视总体情况××，移动应用率均为×%，带电检测总体情况××。整体×公司相对较好，×公司需加强。×中心专业巡视未开展，设备维护移动应用率低于平均值，×公司带电检测和试验报告未开展、修试记录低于平均值，安吉公司专业巡视未开展。

表 16　　　变电数字化应用统计表一（移动率）（×月×日至×月×日）

单位/班组	一种工作票		二种工作票		操作票		巡视		专业巡视	
	总数	移动率	总数	移动率	数量	移动率	数量	移动率	数量	移动率
变电运维中心										
变电检修中心										
长兴公司										
德清公司										
安吉公司										
泰仓送变电										
超高压变电运中心										
合计										

单位/班组	设备维护		缺陷登记		修试记录		试验报告		带电检测	
	数量	移动率	数量	移动率	总数	移动率	总数	移动率	总数	移动率
变电运维中心										
变电检修中心										
长兴公司										
德清公司										
安吉公司										
泰仓送变电										
超高压变电运中心										
合计										

2. 其他通报：×公司需关注工作票归档率，×公司需关注消缺规范率，×公司需关注试验报告归档率。

表 17　　变电数字化应用统计表一（移动率）（×月×日至×月×日）

单位/班组	一种工作票		二种工作票		消缺		试验报告		专业巡视数量	检修方案编审	运行值班日志
	总数	移动率	总数	移动率	总数	规范率	总数	归档率			
变电运维中心											
变电检修中心											
长兴公司											
德清公司											
安吉公司											
泰仑送变电											
超高压变电运中心											
合计											

七、本月重点工作

八、下月重点工作

×月份输变电设备生产计划执行情况

序号	工作地点	停役日期	复役日期	停役天数	工作内容	停电设备状态	工作单位	许可日期	结束日期	执行情况
1	××变									
2	××变									
3	××变									
4	××变									
5	××变									
6	××变									
7	××变									
8	×线路									
9	×线路									

附件 1　本月生产指挥中心缺陷受理情况

×月×日-×月×日，中心新受理严重及以上缺陷×项，其中危急缺陷×

项，严重缺陷×项；完成处理×项，改一般缺陷×项。

序号	变电站/线路	缺陷等级	发现时间	设备名称	缺陷描述	处理情况	设备型号	设备厂家	投运日期	消缺时间
1	××变	危急								
2	××变	严重								

附件2 本月发现典型违章汇总

1. 省公司查处违章情况

序号	日期	单位	作业内容	作业单位	存在违章	依据条款	违章定性	违章影像
1	×月×日	×公司					一般违章	
2	×月×日	×公司					严重违章	

2. 安全督查中心查处违章情况

序号	日期	单位	作业内容	作业单位	存在违章	依据条款	违章定性	违章影像
1	×月×日	×公司					一般违章	
2	×月×日	×公司					严重违章	

附录 5

生产指挥中心工作四单

1. 生产指挥中心工作联系单

编号	通知部门	地点	通知时间
	变电检修中心	××变	
设备名称		设备状态	
工作内容			
消缺（危急缺陷）：			
处理情况反馈		处理时间	处理人

审核：　　　　　　编制：　　　　　　日期：

2. 工作任务单

编号：

生产指挥中心   时间：

任务内容：
落实单位：
事件过程：
具体要求：

编制：	审核：	签发：

3．设备风险预警通知单

编号：

生产指挥中心　　　　　　　　　　　　　　　　×××× 年 ×× 月 ×× 日

风险类别	设备风险（√）　　操作风险（√）　　检修风险（√）　　其它（　）
落实部门：	
具体工作要求：	
编制：　　　　　审核：　　　　　　　　　　　　　签发：	

4. 工作提醒单

编号：2024001 号

生产指挥中心   时间：

提醒类别	现场作业（ ） 设备管理（√） 天气提醒（√） 其它（ ）
落实部门：	
提醒内容：	
具体要求：	

编制：	审核：	签发：

附录6

生产指挥中心信息报送要求模板

1. 2023年省公司生产管控中心信息报送要求

2023年省公司生产管控中心信息报送要求

以下所有信息报送，均应先发到H0中心信息审核群，并@当天到岗到位管理人员，得到确定回复后再发给主网管控中心

1	涉及省调发布的五级电网风险的倒闸操作进度（发到全省生产指挥中心大集合）。
2	220千伏及以上变电站内设备故障跳闸[包含站内主变中低压侧设备跳闸、110千伏母线跳闸、35（20、10）千伏母线跳闸、站用交流或直流全部失电]、因异常被迫停运的信息。
3	DPFC设备故障或重大异常信息。
4	110千伏主变跳闸、110千伏变电站全停信息，或同一变电站3条及以上配网主线同时停运、重要用户停电或引起舆情影响的信息的信息。
5	110千伏省调管辖输电线路、220千伏及以上输电线路跳闸或因异常被迫停运。
6	设备专业上报省公司各专业的设备故障异常等信息（无论事情大小），生产指挥中心需同步送至省公司生产管控中心。
7	在设备事故跳闸或重大异常事件发生后10分钟内应向生产管控中心报送简要信息，30分钟内向省公司主网管控中心报送详细信息，24小时内报送事故跳闸分析报告。信息报送可采用电话或微信等方式，信息报送后需确认对方已收到。

2. 事故跳闸流程模板

序号	联系单位	汇报方式	通知内容	故障情况	汇报/通知时间
1	省调	电话	跳闸线路（若为设备故障，简要汇报告警信息，详情待查）	你好！我是生产指挥中心×××，现有开关跳闸情况汇报。××月××日××时××分，220千伏××变电站×××线（双重命名）保护动作，开关跳闸，重合成功/失败，现×××线为×母运行/热备用状态，潮流为××MW/0MW（跳闸前潮流为××MW）。已通知××运维站去现场检查，详细情况待分析判断后（或运维人员现场检查反馈后）再进行汇报	

续表

序号	联系单位	汇报方式	通知内容	故障情况	汇报/通知时间
2	地调	电话	同上		
3	运维班	电话	简要说明监控告警情况		
4	主网管控中心	微信	将值班手机收到的跳闸短信私聊发送给"省公司生产管控中心"		
5	查看故障录波系统	跳闸短信	查看并记录故障设备故障录波信息,若故障录波简报故障测距显示变电所外故障,且简报有保护动作信息,可判定为线路故障(主变本体差动保护动作跳闸,故障录波系统只有保护波形,无故障简报)		
6	查看雷电定位系统	跳闸短信	查看故障跳闸前后 5 分钟时间内,跳闸线路周围 1 公里范围内有无落雷		
7	查看视频监视系统	跳闸短信	通过工业视频查看变电所内故障间隔设备有无明显漏油、冒烟、放电等现象,回看保护动作时故障设备有无异常		

3. 事故跳闸后微信群信息报送说明

事故跳闸后微信群信息报送说明

使用层级及范围	微信群名	报送内容	备注
1、微信群生产信息报送分省公司"Z"序列及市公司"H"序列两个层级; 2、当发生故障跳闸等紧急情况需要第一时间报送信息时,生产指挥中心根据需报送单位层级将信息发送至"Z0"或"H0"进行审核,统一审核无误后,发送至对应层级"Z1"或"H1"/"H2"/"H3"/"H4"			
省公司	全省生产指挥中心大集合	用于省公司日常任务部署及工作要求接收及相关任务反馈	输电类跳闸报送后
	Z0 省公司报送信息审核群	用于报送省公司故障跳闸、异常事件、省公司日报、周报等各类信息审核	此群为所有报送省公司信息前的统一审核出口
	Z1 省公司生产管控中心(个人微信)	故障跳闸、异常事件等报送省公司统一采用微信私信报送形式	变电类跳闸报送后 Z1,需截屏发 H0
地市公司	H0 中心信息审核群	用于中心内部所有信息审核及业务交流(报送省公司故障跳闸等紧急信息可直接在 Z0 群发送审核)	此群为中心报送信息前的统一审核出口

续表

使用层级及范围	微信群名	报送内容	备注
		事故跳闸后微信群信息报送说明	
地市公司	H1 湖州本级主网（故障跳闸）报送群	1. 用于第一次对应地区内故障跳闸通知及后续各单位反馈信息收集； 2. 事件通知时需@相关人员（变电专业：运维班班长；输电专业：三县输电运检班班长）	
	H2 长兴主网应急生产指挥群		
	H3 德清主网应急生产指挥群		
	H4 安吉主网应急生产指挥群		

4. 故障跳闸信息报送模板

短信顺序及时间	输电设备	变电设备
第一条短信（5分钟内）	【生产指挥中心××千伏××线跳闸汇报】 ××××年××月××日××时××分××秒，××千伏××线××保护动作，开关跳闸，重合××。 【现场处置】已通知变电运维人员赶赴现场检查，已通知输电运维人员开展线路特巡	【生产指挥中心××千伏××设备跳闸情况汇报】 ××××年××月××日××时××分××秒，××千伏××变××（设备）××保护动作，××开关跳闸。 【现场处置】已通知变电运维人员赶赴现场检查
第二条短信（20分钟内）	【生产指挥中心××千伏××线跳闸跟踪汇报】 ××××年××月××日××时××分××秒，××千伏××线××保护动作，开关跳闸，重合××。 打开线路参数表 【台账信息】××资产，××公司运维。××线为架空/电缆/混合线路，全长××km，杆塔共××基，投运日期××××年××月××日。××千伏A变至××千伏B变，途经××地区/县。××线#××塔至#××塔与××线#××塔至#××塔同杆架设。 【故录信息】××相××故障，重合××。A变侧测距为××km，定位在#××-#××塔之间，故障电流为××kA。B变侧测距为××km，定位在#××-#××塔之间，故障电流为××kA。 【天气情况】现场天气××××。	【生产指挥中心××千伏××设备跳闸跟踪汇报】 ××××年××月××日××时××分××秒，××千伏××变××（设备）××保护动作，××开关跳闸。 【天气情况】现场天气××××。 【设备台账】××设备：厂家××；型号××；投运日期××××年××月××日；上次检修日期××××年××月××日。××设备：厂家××；型号××；投运日期××××年××月××日；上次检修日期××××年××月××日。第一套保护型号：××××，第二套保护型号：××××。 【故录信息】××保护动作，故障电流：××kA，故障相别：××相。

短信顺序 及时间	输电设备	变电设备
第二条短信 （20 分钟内）	【雷电定位】故障时间段#××-#××塔区域有密集落雷。最大雷击电流××kA。 【现场处置】变电运维人员现场检查一、二次设备正常，输电运检人员正在开展线路特巡工作	【现场处置】变电运维人员、变电检修人员已到现场检查，运检部副主任、专职已赶赴现场，生产指挥中心主任、副主任已在指挥大厅，生产指挥中心持续做好跟踪汇报（视情况调整编写）
第三条短信 （现场反馈后，根据信息反馈及时性可与第二条短信及时作调整）	【生产指挥中心××千伏××线跳闸跟踪汇报】 　××××年××月××日××时××分××秒，××千伏××线××保护动作，开关跳闸，重合××。 【分布式信息】位置在××号杆塔和××号杆塔之间，距离××号杆塔大号方向××公里，故障杆塔是××号杆塔附近。判断故障性质为××。 【保护信息】A 变××保护动作、保护测距××千米（定位在#××-#××之间）；A 变××保护动作、保护测距××千米（定位在#××-#××之间）；B 变××保护动作、保护测距××千米（定位在#××-#××之间）；B 变××保护动作、保护测距××千米（定位在#××-#××之间）； 【线路导线排列方式】上、中、下相排列排序，（如：上、中、下相垂直排列 BAC）输电人员正在赶赴现场核查中。 【现场检查】变电站及线路等现场检查情况及故障原因	【生产指挥中心××千伏××设备跳闸跟踪汇报】 　××××年××月××日××时××分××秒，××千伏××变（设备）××保护动作，××开关跳闸。 【保护信息】第一套：#×主变保护动作，#×主变差动保护动作，差动电流××××A；第二套：#×主变保护动作，#×主变差动保护动作，差动电流××××A； 【视频检查】××变、××变站内间隔视频检查无明显异常/其他异常情况。 【现场检查】变电站现场检查情况
第四条短信 （现场检查及专业反馈后）	【处置跟踪】事故跳闸处置情况、故障原因、组织抢修及设备复役情况等	【生产指挥中心××千伏××设备跳闸抢修跟踪汇报】 【现场检查】变电站及线路等现场检查情况。 【处置跟踪】××时××分，××变××（设备）停役。××月××日××时××分，许可××变××（设备）检查处理工作。××月××日××时××分，检修人员对××变××（设备）××××（检查及工作内容），计划于××月××日××时完成抢修/××月××日××时××分，××变××（设备）抢修工作结束，××时××分，××变××（设备）复役，情况正常

续表

短信顺序及时间	输电设备	变电设备
其他内容补充（先收集问到后再补充）	【视频情况】××变、××变站内间隔视频检查无明显异常/其他异常情况；智能微拍调阅××线××塔下方有吊机作业（或其他情况）/无异常。 【负荷损失情况】一般均回答无负荷损失	【视频情况】××变、××变站内间隔视频检查无明显异常/其他异常情况根据公司专业意见统一出口。 【负荷损失情况】一般均回答无负荷损失。 【其他】 1.设备抢修计划（联系专业管理专职）； 2.设备抢修期间检查检测项目及结果（联系专业管理专职）； 3.复役后设备测温工作开展计划（联系对应运维站负责人）

5．设备故障（异常）分析报告（报主网管控中心）

×××设备故障（异常）分析报告

××公司

（×年×月×日）

一、故障（异常）概述（一级标题）

（一）（二级标题）

1．事件经过（三级标题）

（1）四级标题

变电站概况、故障发生前后运行方式变化、导致的后果及恢复情况等。

附站内电气主接线图。举例如下：

2．设备信息

厂家、型号、出厂日期、上次检修日期等相关信息。

可报送相关图像信息，如设备铭牌等。

二、现场检查处理情况

相关信号及一二次设备现场检查情况，处理的主要过程和结果。附故障

（异常）设备现场检查图片，图片应体现故障（异常）设备所处位置、受损情况等，必要时应在图片上重点标记。包括但不限于：①现场整体照片；②故障设备整体照片；③疑似故障部位或关键部位照片；④内部结构原理图。图片要求清晰、完整、准确，并进行标注，可直接说明设备情况；有必要的，也可拍摄小视频。

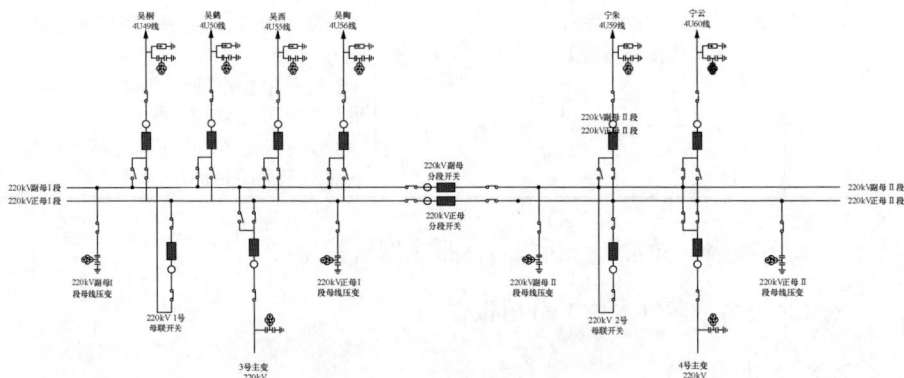

图 1 ××站电气主接线图

三、原因分析

故障发生的原因及发展机理，附相关图片。图表举例如下。

表 1　　　　　　　　　　*****试验数据**

**	**	**	**	**	**
**	-	-	-	-	-
**	-	-	-	-	-

四、下一步工作安排

五、暴露的问题

找出故障暴露出的各类问题。

六、反措及建议

针对故障暴露出的问题，提出防止同类故障发生的组织措施和技术措施。

七、附件

故障设备铭牌参数、上次检修时间、缺陷记录、故障录波图、事件记录、相关检查试验报告、数码图像等。

附录 7

生产指挥中心突发事件应急响应预案

一、编制目的

为正确、高效和快速处置生产指挥中心（以下简称"指挥中心"）突发事件，最大限度地减少突发事件对指挥中心生产、集中监控等业务造成的危害和对社会造成的不良影响，建立健全指挥中心突发事件应急响应机制，提高指挥中心应对突发事件的组织指挥能力和应急处置能力，保障电网设备安全稳定运行，特制定本预案。

二、业务分析

目前生产指挥大厅负责主网设备监控、输电设备监控、变电在线监控、变电辅控监控、自动化网络监控、安全风险管控、信息监控、通信监控八大监控（控）及生产指挥业务，实时监控业务业务 8 项，接入系统 50 套，对系统实时监控业务要求较高的业务有 3 项，对实时性要求较高的系统 10 套（业务系统可中断时长少于 1 小时），具体详见表 1。

表 1   指挥中心集中监控及生产指挥业务分析

序号	系统名称	业务系统可中断时长	备用系统及场所	应用专业
1	OPEN3000 系统终端	0 小时	原监控指挥大厅	设备监控\自动化网络监控
2	保护信息子站	1 小时	原监控指挥大厅	设备监控\生产指挥
3	故障录波终端	1 小时	原监控指挥大厅	设备监控\生产指挥

序号	系统名称	业务系统可中断时长	备用系统及场所	应用专业
4	录音电话系统	0 小时	原监控指挥大厅	设备监控
5	触屏电话系统	0 小时	原监控指挥大厅	设备监控
6	浙江电力调度停电智能管控平台（网页）	0 小时	原监控指挥大厅	设备监控\生产指挥
7	监控操作票系统	2 小时	原监控指挥大厅	设备监控
8	监控日志记录系统	2 小时	原监控指挥大厅	设备监控\生产指挥
9	综合安防管理平台	4 小时	原监控指挥大厅	设备监控\生产指挥\安管中心通信系统监控
10	浙江电网雷电监控系统	4 小时	原监控指挥大厅	生产指挥
11	PMS2.0 设备运维精益管理系统	4 小时	原监控指挥大厅	设备监控\生产指挥
12	电网运检智能化分析管控系统	4 小时	原监控指挥大厅	设备监控\生产指挥
13	安全生产风险管控平台	2 小时	原监控指挥大厅	生产指挥\安管中心
14	调度 OMS	4 小时	原监控指挥大厅	设备监控\生产指挥
15	OPEN3000 系统终端	0 小时	原监控指挥大厅	生产指挥
16	辅助监控一体化平台	/	/	生产指挥\变电监控
17	辅控 2.0 系统	/	/	生产指挥\变电监控
18	智能巡检机器人系统	/	/	变电监控\生产指挥
19	消防集中监控终端	/	/	变电监控
20	特高压通道可视化系统	2 小时	输电中心输电线路状态监测中心	输电监控
21	太湖廊道三维管控系统	2 小时	输电中心输电线路状态监测中心	输电监控
22	四川华雁防山火系统	2 小时	输电中心输电线路状态监测中心	输电监控
23	防外破系统	2 小时	输电中心输电线路状态监测中心	输电监控
24	输变电在线监控系统	2 小时	输电中心输电线路状态监测中心	输电监控\变电监控

序号	系统名称	业务系统可中断时长	备用系统及场所	应用专业
25	分布式覆冰监控系统	2 小时	输电中心输电线路状态监测中心	输电监控
26	安英线覆冰监控系统	2 小时	输电中心输电线路状态监测中心	输电监控
27	易视通系统	2 小时	输电中心输电线路状态监测中心	输电监控
28	SD 巡检智能管控平台系统	2 小时	输电中心输电线路状态监测中心	输电监控
29	可靠性系统（网页）	2 小时	输电中心输电线路状态监测中心	输电监控
30	甘祥甘福线动态增容监控系统	2 小时	输电中心输电线路状态监测中心	输电监控
31	分布式故障定位系统	2 小时	输电中心输电线路状态监测中心	输电监控
32	输电线路全景智慧应用群	2 小时	输电中心输电线路状态监测中心	输电监控
33	网络安全管理平台	1 小时	原监控指挥大厅	自动化网络系统监控
34	OPEN3000WEB 系统	2 小时	原监控指挥大厅	自动化网络监控
35	电能量系统	2 小时	原监控指挥大厅	自动化网络监控
36	机房动力环境监视平台	1 小时	原监控指挥大厅	自动化网络监控
37	调控云	1 小时	原监控指挥大厅	自动化网络监控
38	安监一体化平台	2 小时	原监控指挥大厅	安全风险监控
39	i 国网生产现场管控 App	2 小时	原监控指挥大厅	安全风险监控
40	安全生产风险管控平台	2 小时	原监控指挥大厅	安全风险监控
41	安全生产风险管控平台（后台）	2 小时	原监控指挥大厅	安全风险监控
42	信息内网网管系统	1 小时	信通监控室	信息监控
43	信息外网网管系统	1 小时	信通监控室	信息监控
44	机房动环监控系统	1 小时	信通监控室	信息监控
45	通信管理（TMS）系统	1 小时	信通监控室	通信系统监控
46	创力动环监控系统	0.5 小时	信通监控室	通信系统监控
47	嘉润动环监控系统	0.5 小时	信通监控室	通信系统监控
48	图像监控系统	0.5 小时	信通监控室	通信系统监控
49	主网(华为)通信传输系统	0 小时	信通监控室	通信系统监控
50	主网(思科)通信传输系统	0 小时	信通监控室	通信系统监控

三、工作原则

（一）统一领导，分级负责

按照"综合协调、统一领导、分级负责"的原则，建立有系统、分层次的应急组织和指挥体系。组织开展指挥中心突发事件预防、应急处置、运行恢复、事件通报等各项应急工作。

（二）预防为主，常备不懈

坚持"安全第一、预防为主、预防与处置相结合"的方针，加强指挥中心集中监控与生产指挥业务突发事件的超前预想，做好应对突发事件的预案准备、应急资源准备、保障措施准备，编制应急处置预案，形成定期应急培训和应急演练的常态机制，提高对各类突发事件的应急响应和综合处理能力。

（三）快速响应，协同应对

充分发挥专家队伍和专业人员的作用，切实提高应急处理人员的业务素质、安全防护意识和科学指挥能力，加强各专业沟通协作及纵向信息报送，建立健全"上下联动、专业协同"快速响应机制，整合内外部应急资源，协同开展突发事件处置工作，确保突发事件处置及时响应。

四、应急指挥机构及职责

（一）应急指挥机构

根据事件严重程度，由公司应急领导小组研究启动成立突发事件处置应急指挥部，全面领导指挥中心突发事件应急工作。应急指挥部总指挥由公司分管生产领导担任，成员由部门负责人担任，成员部门和单位为运维检修部、安监部、电力调度控制中心、综合服务中心、信息通信分公司、指挥中心。指挥中心突发事件发生后，相关单位根据应急预案，成立指挥中心突发事件处置工作小组，并做好信息报送、指挥协调工作。

（二）职责分工

（1）指挥中心：负责发现影响生产指挥大厅各专业集中监控和生产指挥业务的突发事件后，立即启动应急响应，将突发事件对本专业影响情况立即汇报应急处置小组专业管理人员和指挥中心管理人员；负责应急响应指挥协调及处置跟踪工作；负责按照信息发布要求完成各专业突发事件信息收集及发布；负责应急响应评估与总结。

（2）运检部：接受应急指挥部的指挥；负责电网在运设备设施现场抢险、抢修工作的组织、协调；负责应急车辆及应急电源车辆调度、协调。

（3）调控中心：接受应急指挥部的指挥；负责指挥中心湖州集控对变电站设备失去正常监控（控制）时的临时监控（控制）；负责自动化及网络安全监控业务应急处置；负责指挥中心 OPEN3000 终端、调度数据网等技术支撑系统应急响应工作；负责备用值班场所 OPEN3000 终端、调度数据网等技术支撑系统日常维护工作。

（4）综合服务中心：接受应急指挥部的指挥；负责生产区域、医疗卫生、应急处置人员、应急电源的后勤保障工作。

（5）信通分公司：接受应急指挥部的指挥；负责本专业信息监控与通信监控业务应急处置；负责通信系统抢修、恢复的组织、协调工作。

（6）变电运维中心：负责变电设备监测业务应急处置；负责指挥中心湖州集控对变电站设备失去正常监控（控制）时的委托监控（控制）；

（7）输电运检中心：负责输电设备监测业务应急处置；

（8）变电运检中心：负责机器人与辅控系统监测业务应急处置；

（9）安监部：接受应急指挥部的指挥；负责安全风险管控业务应急处置；负责应急处置过程中的安全监督管理工作；负责协助事故信息收集。

（10）其他部门：接受应急指挥部的指挥；根据突发事件涉及的范围及影

响程度参与相关专业的应急处置工作。

五、危险源和危害程度分析

（一）因严重自然灾害（地震、台风、雷击、火灾、水灾、冰灾等）、外力破坏等原因可能引发或造成电力通信设施遭到破坏、值班场所损坏，影响指挥中心集中监控和生产指挥业务正常开展。

（二）值班场所电力中断，通信机房或通信网络中多个节点面临供电中断威胁，导致业务通信大面积中断时，影响指挥中心集中监控和生产指挥业务正常开展。

（三）业务应用系统软硬件故障等造成重要业务系统不能访问，业务应用系统数据丢失或业务系统不能正常运行时，影响指挥中心集中监控和生产指挥业务正常开展。

（四）生产业务开展中传染病疫情、群体性不明原因疾病、恐怖袭击以及社会安全突发事件的发生时，影响业务正常开展或需要人员隔离阻断传染病疫情传播。

六、事件分级

按照突发事件对指挥中心集中监控和生产指挥业务造成的危害程度、影响范围，上述突发事件分为一级和二级事件两级。

（一）一级事件

一级事件是指造成指挥中心集中监控功能全部失去或主要业务系统功能失去的各类突发事件，由公司生产分管领导负责指挥，指挥中心统一组织协调。

主要包括以下事件类型：

（1）自动化终端系统设备故障，且短时间内无法恢复；

（2）调度数据网、系统专网网络故障及安防设备故障，且短时间内无法恢复：

（3）办公内网网络故障，且短时间内无法恢复；

（4）交流供电系统故障，且短时间内无法恢复；

（5）生产指挥大厅或机房发生火灾，火情短时无法得到有效控制；

（6）其他造成监控功能全失或主要业务系统功能失去的突发事件。

（二）二级事件

二级事件是影响指挥中心各专业非主要业务系统或实效性要求较低的业务集中监控功能的各类突发事件，由指挥中心主任负责指挥，指挥中心统一组织协调。

主要包括以下事件类型：

（1）自动化终端系统设备故障，导致部分监控工作站系统功能异常，尚具备实时监视条件，且短时间内可恢复；

（2）调度数据网及安防设备故障，导致部分数据传输异常，尚具备实时监视条件，且短时间内可恢复；

（3）调度录音电话系统全失，仅剩行政电话；

（4）交流供电系统，市电或应急发电机单路电源失去，短时间无法恢复。

（5）保信子站等非实时性监控辅助系统功能全失。

（6）其他影响指挥中心集中监控和生产指挥业务的突发事件。

七、应急响应

响应启动

指挥中心各专业根据突发事件情况，启动应急响应开展先期处置，并立即应急处置小组报告。应急处置小组接到有关专业启动突发事件应急响应报告后，立即会同有关职能部门汇总相关信息，分析研判，明确事件定级，组织开展应急处置工作。

确定为一级事件级别时，应急处置小组应报告公司应急领导小组，由公司应急领导小组研究决定启动公司应急响应。

响应行动

1. 突发事件应急处置

（1）指挥中心突发事件发生后，值班员应根据突发事件情况立即电话通知运检部、信通分公司、自动化等应急响应人员和生产指挥值班人员开展突发事件先期处置。

（2）生产指挥值班人员收到值班员通知后，立即进一步收集、研判相关信息并及时发布，5 分钟内启动应急响应群组。发生突发事件后应立即电话汇报指挥中心主任及相关专职，通知相关业务机构应急响应联系人，要求立即启动内部应急流程。

（3）应急响应值班人员收到值班员通知后，应立即开展现场情况详细检查，并将检查结果及时汇报生产指挥值班人员，同时组织开展应急处置。

（4）相关业务机构应急联系人收到生产指挥值班人员电话通知后，应立即启动本专业内部应急响应流程，将相应管理、检修应急人员拉入应急信息群，并及时将人员、装备、备品应急响应情况在群内发布。

（5）故障抢修时，应严格执行工作票或事故应急响应单管理规定，确保安全措施和关键工序执行到位，抢修结束后做好相关工作记录。

（6）负责应急处置的业务机构应在应急响应工作结束 24 小时内，形成正式分析报告，并提交指挥中心。

2. 一级事件应急处置

指挥中心发生一级性突发事件后，相关人员除按照突发事件应急处置总体要求及流程开展应急处置外，还应开展以下工作。

（1）先期处置

各专业负责将突发事件对监控业务的影响情况第一时间汇报应急处置小组及相关专业人员组织开展应急处置工作，并在《应急处置卡》中做好记录；一级事件下做好专业集中监控权限移交及主备用值班场所应急响应切换准备工作；收集相关信息做好本专业信息发布工作。

（2）场所切换

各专业值班人员根据专业要求，在应急工作小组统一指挥协调下，进行主备用值班场所人员转移，有序赶往备用值班场所履行监控职责。必要时，视专业要求开展集中监控权限移交。

（3）监控职能恢复

各专业安全抵达备用值班场所后，开展备用值班场所及系统检查，确认具备值班条件后，在备用值班场所履行监控职责。涉及场所切换期间集中监控权限移交的专业及时收回监控权。同步向专业管理及应急工作小组做好信息报送工作。

（4）应急处置

各相关单位管理、抢修人员应在 1 小时内到达现场，组织开展应急处置工作，控制事态发展。

3．二级事件应急处置

指挥中心二级性突发事件发生后，相关人员除按照突发事件应急处置总体要求及流程开展应急处置外，还应开展以下工作。

（1）先期处置

各专业负责将突发事件对监控业务的影响情况第一时间汇报应急处置小组及相关专业人员组织开展应急处置工作，并在《应急处置卡》中做好记录；收集相关信息做好本专业信息发布工作。

（2）场所切换准备

二级事件下视突发事件事态发展及对业务影响情况，各专业值班人员做好专业集中监控权限移交及主备用值班场所应急响应切换准备工作；

（3）场所切换启动

二级事件发展为一级事件时，各专业值班人员按一级事件应急响应流程开展各专业集中监控业务应急处置工作；

（4）应急处置

各相关单位管理、抢修人员应在 2 小时内到达现场，组织开展应急处置工作，控制事态发展。

4．响应结束

应急指挥部或应急处置小组根据突发事件影响程度、业务恢复情况和影响范围等综合因素，必要时向应急领导小组汇报，决定应急响应是否结束。

八、后期处置

（一）事件调查

突发事件应急处置工作结束后，涉及特别重大事件，积极配合相关部门进行事故调查。指挥中心组织相关部门开展本次突发事件起因、设施受损程度、业务影响情况等调查分析工作，提出防范和改进措施。

（二）评估总结

突发事件应急处置结束后，指挥中心对本预案和应急响应切换过程进行全面地总结、评估，找出不足并明确改进方向，及时对应急预案的不足之处予以修订。

九、应急保障

（一）备用值班场所保障

针对具备备用值班场所的业务，根据业务需求配置相应席位、电脑、电话及相关业务系统，以满足各专业业务需求。专业管理部门做好备用场所日常运维管理，组织开展定期巡视、检查，发现值班场所损坏、业务系统功能异常等及时反馈运维管理部门处置。相关运维管理单位做好业务系统日常运维和技术支撑，综合服务中心等做好场所维护，确保相关生产业务系统热备用运行正常。

（二）应急车辆保障

突发事件情况下提供应急车辆等支援用于主备用场所值班人员转移，应急车辆无法到位时，采用公共交通、个人交通工具方式出行。

（三）其他保障

根据实际情况，提供医疗卫生保障、就餐等后勤保障。

十、培训演练

（一）加强应急培训

各专业部门要加强应急理论知识和技能学习，利用多种形式进行培训，不断提高对突发事件的处置能力和指挥协调能力。各专业部门要将应急专业培训列入年度培训计划，积极组织开展培训工作。

（二）组织应急切换演练

各专业部门根据实际情况，每年至少组织一次设备设施损坏等突发事件的应急预案演练，指挥中心每年至少统一组织一次突发事件应急应急预案演练，增强应急处置的实战能力。通过演练，不断增强预案的有效性和可操作性。

编制人：××